青少年心理自助文库
完美丛书

放 下

人生百态总相宜

蒿泽阳/著

春天放下了芳香四溢的花朵，才会收获累累硕果的金秋；梅、菊放下安逸舒适的生长环境，才能得到笑傲冰雪的艳丽。

中国出版集团 现代出版社

图书在版编目（CIP）数据

放下：人生百态总相宜／蒿泽阳著. —北京：现代出版社，2013.11
（青少年心理自助文库）
ISBN 978-7-5143-1628-5

Ⅰ. ①放…　Ⅱ. ①蒿…　Ⅲ. ①人生哲学－青年读物
②人生哲学－少年读物　Ⅳ. ①B821－49

中国版本图书馆 CIP 数据核字（2013）第 273499 号

作　　者　蒿泽阳
责任编辑　刘　刚
出版发行　现代出版社
通讯地址　北京市安定门外安华里 504 号
邮政编码　100011
电　　话　010－64267325　64245264（传真）
网　　址　www.1980xd.com
电子邮箱　xiandai@cnpitc.com.cn
印　　刷　北京中振源印务有限公司
开　　本　710mm×1000mm　1/16
印　　张　14
版　　次　2019 年 4 月第 2 版　2019 年 4 月第 1 次印刷
书　　号　ISBN 978-7-5143-1628-5
定　　价　39.80 元

P 前言
REFACE

为什么当今时代的青少年拥有幸福的生活却依然感觉不幸福、不快乐？又怎样才能彻底摆脱日复一日地身心疲惫？怎样才能活得更真实快乐？越是在喧嚣和困惑的环境中无所适从，我们越是觉得快乐和宁静是何等的难能可贵。其实，正所谓"心安处即自由乡"，善于调节内心是一种拯救自我的能力。当我们能够对自我有清醒认识，对他人能宽容友善，对生活无限热爱的时候，一个拥有强大的心灵力量的你将会更加自信而乐观地面对一切。

青少年是国家的未来和希望。对于青少年的心理健康教育，直接关系着下一代能否健康成长，承担起建设和谐社会的重任。作为家庭、学校和社会，不能仅仅重视文化专业知识的教育，还要注重培养孩子们健康的心态和良好的心理素质，从改进教育方法上来真正关心、爱护和尊重他们。如何正确引导青少年走向健康的心理状态，是家庭、学校和社会的共同责任。心理自助能够帮助青少年解决心理问题，获得自我成长，最重要之处在于它能够激发青少年的自我探索的精神取向。自我探索是对自身的心理状态、思维方式、情绪反应和性格能力等方面的深入觉察。很多科学研究发现，这种觉察和了解本身对于心理问题就具有治疗的作用。此外，通过自我探索，青少年能够看到自己的问题所在，明确在哪些方面需要改善，从而"对症下药"。

好的习惯将使你成为有成就的人，同样，坏的习惯也将使你一生一事无成。所以切不可小看平时一些微不足道的毛病，一旦养成习惯，将成为你前进路上的绊脚石。这就非常需要我们仔细检查一遍自己的习惯。看看哪些是有益的，哪些是有害的，而后，将有害的改为有益的。哪怕一个小小的改

变,假以时日,必能受益无穷。后天的培养铸就了人们强大的习惯,要树立勤奋是光荣的、努力和坚持不懈终会得到好回报的信心,正所谓好习惯结好果,坏习惯酿恶果。

习惯是所有伟人的奴仆,也是所有失败者的帮凶。伟人之所以伟大,得益于习惯的鼎力相助;失败者之所以失败,习惯同样责不可卸。习惯决定命运。但我们应该明白,习惯不是与生俱来的,它是我们在后天的行为活动中逐步形成的。只有在正确道德意志的驱使下,才能形成良好的习惯。捡起别人忽略的纸屑,扔掉马路上的砖瓦,按时归还借来的东西,学会整理自己的学习用具,学会独立处理自己的事情……这些都需要我们在日复一日的学习与生活当中逐步养成。

所有成功人士都有一个共性,那就是,基于良好习惯构造的日常行为规律。各个领域中的杰出人士——成功的运动员、律师、政客、医生、企业家、音乐家、教育家、销售员,以及其他专业领域中的佼佼者,在他们的身上都有一个共性,那就是良好的习惯。正是这些好习惯,帮助他们开发出更多的与生俱来的潜能。正因为习惯的力量是如此之大,所以我们要养成良好的习惯以有助于成功。

本丛书从心理问题的普遍性着手,分别描述了性格、情绪、压力、意志、人际交往、异常行为等方面容易出现的一些心理问题,并提出了具体实用的应对策略,以帮助青少年读者驱散心灵的阴霾,科学调适身心,实现心理自助。

本丛书是你化解烦恼的心灵修养课,可以给你增加快乐的心理自助术;本丛书会让你认识到:掌控心理,方能掌控世界;改变自己,才能改变一切;本丛书还将告诉你:只有实现积极心理自助,才能收获快乐人生。

C目 录
ONTENTS

第六篇 放聪明,装糊涂

第七篇 愈放下,愈成功

第八篇 愈放下,境愈高

第一篇 >>>

拿得起，放得下

　　如果我们每天都在背着"包袱"行走，就会为包袱所累，难得幸福和快乐。蒙田说："敢于放下者精明，乐于放下者聪明，善于放下者高明。"由于我们被各种欲望支配，因此有时放下比获取更加艰难。

　　一个人在处世中，拿得起是一种勇气，放得下是一种肚量。对于人生道路上的鲜花、掌声，有处世经验的人大都能等闲视之，屡经风雨的人更有自知之明。但对于坎坷与泥泞，能以平常之心视之，就非常不容易。大的挫折与大的灾难，能不为之所动，能坦然承受，这则是一种胸襟和肚量。

放下一棵树，赢来整片森林

人的一生不可能一帆风顺，都会不可避免地经历风雨与坎坷，需要面对各种各样的困难和险境。有时候这些不好的境遇让我们措手不及，这时要学会舍弃。当然，舍弃并不等于是认输，而是在寻找成功的契机。

一个小女孩和妈妈一起到海边捡贝壳，刚到沙滩她就捡了满满两手贝壳。妈妈意味深长地告诉她，前面会有更多更漂亮的贝壳，现在先把手里的贝壳放下，只有先舍得放下，才能拥有更大的收获。人在成长中会遇到很多选择，只有学会适当地放下，才能使你的人生变得更加精彩。

有一只狐狸被猎人的夹子夹住一条腿，它本能地用力挣脱，却无济于事，反而越夹越紧，于是它果断地咬断了被夹的那条腿，强忍着剧痛逃跑了。它虽然失去了一条腿，但却保住了自己的性命，如果它不舍得放弃那条腿，那它失去的便是整个生命。

可见，连狐狸都知道这个道理，我们人类更应该学会舍小保大，懂得舍弃的真正意义。智者云："两弊相衡取其轻，两利相权取其重。"这句话的意思是：如果在两个坏结果中选其一，则取害处较小的那个；如果在两个好结果中选其一，则取好处较大的那个；如果不辨别是非、明确方向，固执地认为人就应该永不放弃，那么最终可能会付出沉重的代价。

《孟子·告子》中有一句名言流传至今："鱼，我所欲也；熊掌，亦我所欲也；二者不可得兼，舍鱼而取熊掌者也。"人生面临选择时，必须要学会舍弃，只有这样才能收获更多。如果是想鱼和熊掌两者兼得，那么结果也许会哪一样也得不到。

在世界战争史上，以战线短、时间短、影响大、结局意外而著称的滑铁卢大战，大雨造成道路泥泞，拿破仑最得力的炮兵由于移动不便而在泥沼中挣扎，进不了阵地，而拿破仑又不忍心放弃他的作战主力火炮队；但如此耽误时间，敌方的增援部队就会先赶到，后果将不堪设想。时间就在拿破仑犹豫不定间过去了，这时敌方的增援部队果然先到了，最终拿破仑失败了。这一战，不仅彻底结束了拿破仑·波拿巴的军事生涯，也改变了欧洲的历史进程。

他的失败告诉人们：在紧要关头，一定要明断利弊，该放下的就放下，关键时刻不能瞻前顾后、犹豫不决。放下是顾全大局的聪明之举。有很多人就像拿破仑一样在面临抉择的时候总是舍不得放下，结果赔了夫人又折兵。

纵观历史，一些有成就的军事家宁可在非重要的战场上做出让步，也必须在重要的战场上集中所有优势兵力和武器争取胜利。人生也如同战场，必须学会放弃，放弃一些次要战场的得失，把精力和时间放在主战场上。

泰戈尔的《飞鸟集》中有一句诗："如果你因失去了太阳而流泪，那么你也将失去群星。"你如果错过了太阳，就不要再错过群星，只有敢于放弃才能重获新生。

很久很久以前，一个失败的人去向智者请教。智者给了他一个小背篓，并带他来到了一条小路上，小路上面全是漂亮的五彩石，智者让他把所喜欢的石头全部放到小背篓里去。这个人看见石头喜欢得不得了，于是不管黑的、白的、红的、绿的，他全部捡起来放进小背篓里。最后他双肩支持不住，摔倒在地。智者见状，对他说道："留下你最喜欢的，其他的都不要了。"于是，这个人就按智者所说，扔了大部分石头，此时他感觉到无比轻松，很快就到了小路的终点。他虽然放弃了一些石头，但是得到了轻松、愉快的心情，并顺利到达了目的地。

所以，在人生中我们不仅要学会放弃，而且要具有敢于放弃的精神，不

能为了一点利益而没完没了、斤斤计较。有的时候放弃一棵树，得到的会是整个森林！放弃一滴水，拥有的是整个大海！放弃一片洼地，占领的会是一座高山！在鱼与熊掌之间，必须放弃一种，这便是人生中的一种珍惜。有所得时必然会有所失，只有学会放弃、学会珍惜，人生才会更加成熟，生活才会更加幸福，更加充实和洒脱。

心灵悄悄话
XIN LING QIAO QIAO HUA >>>

人生极其短暂，精力有限，世界上耀眼的精彩，你不可能方方面面都顾及，这就需要舍弃一些不重要的东西，有时候舍弃就是为了更好地得到。

做好人生的加减法

人生就像一道简单的数学题,中年以前做加法,中年以后做减法。

从你呱呱落地那一刻起,你所拥有的一切便会不断增加。随着一天天的成长,你拥有的东西会越来越多,比如:家庭、事业、金钱、名利……从赤裸裸的一无所有到拥有全部,包括对家庭和社会应尽的义务和必须承担的责任。人生的加法,让你身上的担子越来越重。

过了中年的你应该开始做减法了。放下沉重的负担,放下那些没有实现的理想,放下让你疲惫不堪的工作……总之放下所有应该舍弃的,这就是人生的减法,让你丢掉包袱,享受轻松、自由和快乐。

人生这道数学题,看起来简单做起来难。有的人知道怎么做却一辈子也做不好,有的人根本不会做,有的人却总想做加法不想做减法,甚至有的人不想做加法,只是靠青春混日子,没了青春也就没了吃饭的资本,往往是"少壮不努力,老大徒伤悲"。事实上,人生中的加法与减法相比,做减法更难一些。减法就是舍弃自己努力得到的权力、利益、金钱等,试问天下又有多少人能拥有如此宽广的心胸? 世人都为了名利明争暗斗,甚至搞得头破血流、命丧其中,又怎会如此轻易舍弃呢? "世人都晓神仙好,唯有金银忘不了,终朝只恨聚无多,及到多时眼闭了",这种人被沉重的负担压得喘不过气来,最后被这些负担折磨而死。

然而纵观古今,也有许多聪明之人做好了人生这道数学题。

汉宣帝时出现的两个名人疏广、疏受就是很好的例子。

年轻时的疏广勤奋好学,精通《春秋》,不少学生不顾路途遥远投到他的门下听他讲学。汉宣帝听说此事后,便召疏广进朝做官,起初先让他担任博士、太中大夫,后来又让他辅导太子。就这样,疏广成了朝中的重要官

员。疏受，是疏广哥哥的儿子，也是有才之人，他被任命为太子家令。有一次，汉宣帝在太子宫中见到待人接物恭敬有礼、讲话大方得体的疏受后对他大加赞赏，并任命他为少傅，和叔叔疏广共同辅导太子。

此后，疏广、疏受叔侄二人经常受到汉宣帝的赏赐，而太子每次上朝，他们俩都跟随左右，俨然已经成为汉宣帝和太子身边的红人。

在疏广和疏受的教导下，太子 12 岁便通晓《论语》《孝经》。然后疏广就对疏受说："我从历史经验中得知，一个人知足才不会遭到屈辱，凡事知道适可而止，便不会有危险。一个人的事业就好像太阳一样，日中而偏，后来居上。我们叔侄俩现也算是事业有成，功成名就，如果不急流勇退的话，以后会有大麻烦呀，我们还是现在就辞去官职，告老还乡，颐养天年吧。"侄子疏受感到叔叔的话非常有道理，于是便和叔叔疏广以身体有恙为由辞去官职，回家养老。汉宣帝见他们确实年事已高，于是便答应了他们的请求，并赏给他们很多黄金，而太子为了答谢恩师也送了好多黄金。

回到老家后，他们把这些黄金全部施舍给了穷人。有人对他们说："何不购田买房留给子孙？"疏广却说他有少量的田地和茅屋一间就足够，只要子孙辛勤劳作就不愁吃穿，如果给他们留下太多的财产，反而对他们没有好处，会让他们养成好吃懒做的习惯，胸无大志，甚至还会做出伤天害理之事，那就害了他们了。自此以后，疏广和疏受便一直深受乡里人的尊敬和爱戴，他们生活得很快乐，身体也很硬朗，并得以安享晚年。

疏广和疏受叔侄俩在年轻时就做好了人生的加法，而在名利双收后又做好人生的减法——他们不恋权势、及时退出，可谓减得及时；他们不恋黄金，全部捐献，可谓减得痛快；他们不为子孙谋、不做千岁忧，可谓减得彻底。

古人都有这般"知足不辱，知止不殆"的胸怀，我们更应该做出榜样，活出精彩。人活一世，奋斗不止，无论成功失败，我们都应该明白这样一个道理：一切的地位、金钱、荣华富贵只是过眼云烟、浮华一世，只有健康最珍贵，它永远都是自己的，谁也抢不走。

人生这道数学题，要用心去经营，用爱去呵护，只有投入全部的热情才能做好，才能让自己的人生少一些烦恼和遗憾，多一份安心和精彩。

放下——人生百态总相宜

美国开国之父华盛顿,在他第二届总统期满之际,便卸下总统职务,尽管全国人民支持他连任,但他不顾人民的"劝进",坚持执行他所建立的制度,以身作则,执行规定,为美国的后人树立了榜样,完成了人生之中重要的一次减法。他在卸任之后便投身田园生活,享受着自由和幸福。

人生其实就是一个自我经营的过程。既然是经营那就得有核算,人生是离不开加法和减法的。

因为有了加法,人生才更加丰富多彩,也正是因为有了加法,人才会对社会作出贡献。有时候追名逐利是人生的奋斗动力,但不能超越界线,过分地追名逐利只会增加负担和烦恼。加法人生其实也有积极的一面,这积极的一面能促进自我完善、自我丰富,进一步提高自己。它是实现人生目标不可缺少的重要因素,也是充实内在精神和满足外在物质需求的一个过程。

人的一生,大到宇宙,小到沙粒,天天都有新知识、新感悟、新思想,谁的加法做得好,谁的人生就更加精彩一些。同时人的无知、私欲、贪婪等必须减去,只有这样才能轻松顺利地走向成功。做好人生加减法,才能准确把握机遇;做好人生加减法,才能恰当地让自我价值得以体现;做好人生加减法,才能拥有精彩人生;做好人生加减法,才能过得快乐,才能让幸福陪伴你一生。

心灵悄悄话
XIN LING QIAO QIAO HUA >>>

人生中的加法,是一种成长,它需要不断地付出,然后拥有更多。人生中的减法,是在人们遇到挫折时,减去一些不必要的负担,让失望、沮丧和恐惧随之而去,学会以平常心看待人生、看待生活。

摒弃消极心态，选择快乐人生

生活中，需要多一些开朗和豁达，少一些牢骚和抱怨，放弃负面心态，这样的人生才会快乐。正如俄国作家契诃夫所说："如果你的手指扎了一根刺，那么你应当庆幸——幸好这根刺不是扎在眼睛里！"当我们遇到一些麻烦和痛苦时，如果能够拥有这样的心态，就不会忧心忡忡、愁眉苦脸了。

有一天晚上，眉头紧锁的杰克在酒吧喝闷酒，一位服务生见状上前问道："先生，你为什么一个人在这儿喝闷酒，有什么让你不开心的事情？"杰克说："我叔叔前段时间去世了，因为他没有后代，所以将他全部的遗产——5000张股票留给了我。"服务生听后说："你叔叔的去世的确让人感到伤心，但人死不能复生，你就不要再难过了。再说你叔叔把全部股票给你了，这也算是一件让你欣慰的事。"杰克接着说："是呀，当我第一眼看到遗嘱时我也挺高兴，可事情并非我想象的那样，这5000张股票，全是面临融资催缴、准备断头的股票！"

杰克的问题确实让人发愁，但是塞翁失马，焉知非福？如果杰克能放下负面心态，抱着积极的态度来面对这件事情，终会有柳暗花明的那一天。世界上的任何事有危就有机，就算面临杰克这种情况，也要从容面对，妥善处理，股票有跌就有涨，总会有解套的那一天。说不定这5000张股票会成为杰克一生中的最大资产呢。

正如坎伯所写的："我们无法救治这个苦难的世界，但我们能选择快乐地活着。"世界上没有绝对的好事与坏事，只有你面对事情所采取的态度。凡事如果抱着负面心态去看待，就算彩票中奖让你获得了500万元，也不是好事。由于你的负面心态作祟，于是你害怕别人惦记你的钱，担心这个

朋友找你借钱，那个亲戚找你哭穷，白天吃不好，晚上睡不着，守着那500万元每日忧心忡忡。这种日子你能快乐吗？

有一些人之所以会走上犯罪或轻生的不归路，就是因为他们不能很好地面对生活中的挫折和失败，从而毁掉了自己的一生。而那些从不幸中站起来的人则让人们敬佩，因为他们有积极乐观的良好心态。一位坚强的失败者说过："难道有永远的失败吗？不！我宁可一千次跌倒，一千零一次爬起来，也不向失败低一次头。"相信，拥有这种心态的人最终一定会成功。

美国的科学家富兰克林曾说："只有积极乐观的人才能达到他所希望的目标。"在通往成功的大道上，会有很多"绊脚石"和"拦路虎"，但是只要我们认真对待，坚持不懈，就一定会取得成功。

不知大家是否听说过米契尔的故事？他在40多岁时因机车出意外而被烧得不成人样，4年后的一次事故又导致他腰部以下全部瘫痪。面对这些不幸，米契尔勇敢地活了下来，而且还成为拥有百万资产的富翁、人人尊敬爱戴的演说家和成功的企业家，甚至娶到了梦中情人。不仅如此，他还玩跳伞、去泛舟、参与政坛，这些你敢想象吗？

第一次意外事故烧坏了米契尔65%以上的皮肤，面目看上去非常恐怖，手脚变成了肉球，为了尽可能地达到完美，医生为他做了16次手术。手术过后的米契尔无法吃饭，无法打电话，甚至不能独立上厕所……不能做的事情远远不止这些。但身为海军陆战队队员的他坚强地活下来了，并不认为自己被打败了。他记起一位哲人曾说过："相信你能你就能！""问题不是发生了什么，而是你如何面对它。"米契尔说："我完全可以掌握自己的人生之船，我可以选择把目前的状况看成是倒退或是一个起点。"

很快，米契尔就走出了痛苦的深渊。后来经过他的努力奋斗，他成了百万富翁，身为百万富翁的米契尔买了一幢维多利亚式的房子，还买下了一架飞机和一家酒吧。对于这些他并不满足，于是又和朋友开了一家公司，这家公司后来成为佛蒙特州的第二大私人公司，也使米契尔成为一位成功的企业家。

然而，在第一次意外事故发生4年之后，固执的米契尔不听别人劝阻，用肉球似的双手学习驾驶飞机。结果可想而知，在助手的陪同下飞机升上

了天空，不一会儿飞机突然从空中坠落到地上。人们纷纷寻找飞机残骸中的米契尔，这一次他是脊椎骨粉碎性骨折，必须面对终身瘫痪的现实。他的家人、朋友都为他伤心难过，抱怨命运的不公，而他却说："既然我无法逃避现实，就必须乐观接受，想必这其中肯定隐藏着什么好事。虽然我的身体不能行动，但我的大脑是健全的，而且我还有可以帮助别人的一张嘴。"于是他就给病友们讲幽默故事，鼓励他们战胜疾病，他所到之处都笑声不断。

米契尔一直顽强进取，努力让自己达到最大程度上的独立。后来他成为科罗拉多州孤峰顶镇的镇长，负责保护该镇的美丽风景及周围环境不因开矿而受到破坏。他还竞选过国会议员。护理米契尔的是一位从护士学院毕业的金发女郎，他说这就是他的梦中情人，他要娶她，并把这些想法告诉了家人和朋友。

大家都对他的想法很吃惊，很明显这是不可能的事情。大家说："万一她当面拒绝你，你得多难堪呀！"而米契尔却说："不，你们错了，我还没问，你们怎么知道她一定会拒绝我呢？我一定要试一下，万一她答应了呢？"于是米契尔去寻找只有万分之一的机会并试图抓住它，他坦诚地向他的梦中情人说出了心里话，勇敢地对其进行邀约，求爱。

最终在两年后的一天，他的梦中情人投入他的怀抱，做了他的新娘。坚强勇敢的米契尔成为美国人民的骄傲，他成了坐在轮椅上拿到公共行政硕士学位的国会议员，还一直坚持着飞行、环保和演说等活动。

米契尔在一次公众演说时说，他没瘫痪时能做 1 万种事情，在他瘫痪之后只能做 9000 种事情，他可以把目光放在他无法再做的 1000 种事情上和他还能做到的 9000 种事情上。米契尔虽然经历了两次险些让他丧命的重大事故，但是他没有因此而放弃努力。人们可以抛开负面心态，从另一个角度找出阻碍自己前进的原因，停滞不前的时候可以退一步、想开一点，或许我们会感觉到：其实这点困难和挫折不算什么。

只有拥有积极、乐观的心态，才能像米契尔一样抓住万分之一的机会，最终获取成功。凡事要往好处想，把困难看作是一次机遇和隐藏的希望，然后用你的勇气和力量迎难而上，抓住机遇并揭开希望的面纱，那么万分

之一的机会就成了百分之百的希望。而悲观者在面对困难时就感觉天塌了下来,前面没有一丝光明,全是黑暗,这时的他们不是放弃就是退却。拥有这种心态的人,必定会与机遇擦肩而过,在人生的路上他们注定是两手空空的失败者。

心灵悄悄话
XIN LING QIAO QIAO HUA >>>

人生就是一场大赌局,在这个大赌局里,你不可能总是输家,也不可能总是赢家。输了并不可怕,生活中总会遇到一些挫折和失败,关键是应该采取何种心态去面对。

放下有时就是一种拥有

面对人生，如何选择和放弃，关系着一生的幸福。选择不该选择的是一种错误，选择该选择的是一种睿智。放弃不该放弃的是一种无知，放弃该放弃的是一种聪明。

很久以前，有一个靠打鱼为生的渔夫捕到了一条美人鱼。

渔夫把美人鱼抱回家，将它放在自己的床上，两眼温情地看着它说话，而且还让它品尝最美味的食物。晚上怕美人鱼冷，特意为它盖上他舍不得盖的新被子。他把美人鱼当作爱人一般疼爱，精心照顾。

可是美人鱼却止不住地流泪，不吃不喝甚至一动也不动。

渔夫问它："你为什么哭得这么伤心？我可是很爱你的呀！"

美人鱼说："我的家在大海里，那里有我亲爱的家人、我的快乐和幸福，我想回家。"

因为渔夫很爱它，所以他舍不得放它走。

但一天天过去了，美人鱼也憔悴了不少，看着它这般模样，渔夫的心冷到极点，他对美人鱼说："你这个冷酷的家伙，我把心都给了你，你却无动于衷，快点走吧，我再也不想见到你。"渔夫看着远去的美人鱼，流出了眼泪。

一年过去了，有一天渔夫正在睡午觉，不料却被屋外的敲门声惊醒。当他打开门时，却见一年前的那条美人鱼站在门外。

渔夫问它："你来做什么？只要你在大海里快乐我就满足了。"

美人鱼说："我的幸福是你给的，所以我来看看你。"

美人鱼虽然有些不舍但还是走了，渔夫心里有些伤感。

一个月后，美人鱼又敲响了渔夫家的大门，渔夫问："你又回来做什么？"

美人鱼说："你已经占据了我的心，我忘不了你。"

渔夫感到很奇怪："这到底是为什么？在我想永远得到你时，无论我做什么都不能打动你，当我准备放下你时，却拥有了你。"

　　故事虽然有些神话色彩，但是留给我们的却是对生活的深思和感悟：有时候放下就是一种拥有。渔夫为了美人鱼能够快乐而舍弃了自己的快乐，没想到最后却得到了美人鱼带给他的幸福。

　　人从一出生，便对这个变化多端的世界充满好奇。即使在成长过程中对世界有了更多的认识，也会有很多不切合实际的想法。所以有人说，人在20岁之前谈的都是梦想。虽然梦想都很美丽，但它们只是高于现实的空中楼阁，和实际有着天壤之别。

　　人们在20岁以后谈的是理想。在现实生活中经过了多次碰壁后，才知道20岁之前的那些梦想是多么幼稚可笑。在这个拥有抱负和激情的年龄，人们树立的目标比较接近于现实，没有了童话世界里的天真和夸张，理想慢慢走向成熟。

　　人们在30岁以后谈的是责任。到了这个年龄的人思想已真正成熟，人生目标已确立，积累了一定的经验，往往这时会有许多的担子压在你身上，你别无选择，只能坚强面对，背负着这些担子继续你的人生。为了让父母安享晚年，为了让孩子快乐成长，为了让家庭和睦幸福，你必须忙碌奋斗，因为这是你的责任。

　　40岁以后谈的是事业。历经风雨40载，酝酿梦想40年，这时的你终于懂得了人生。心理愈加成熟，对事对人都有一定的分寸，不再像以前那样冲动、鲁莽，而是变得更加稳重。自己多年以来积累了社会经验和财富，此刻的你应该为自己做点事情，即做自己的一番事业。

　　人到50岁谈的是经验。到了这个年龄的人一般只能听天由命了，曾经拥有的满腔热情此时也平静下来，每件事都看得那么平淡，知道从容面对一切。几十年的付出和拼搏，胜利或失败在此时已成定局，有的人在品尝成功的喜悦，有的人在品尝失败的苦涩。但现在无论是成功的喜悦还是失败的苦涩，都已经不重要了，重要的是你经历了这一切，这本身就是一笔宝贵的财富。

人到了 60 岁以后常常追忆往昔。到了这个年龄不要求物质生活多好，但求身体健康、心情舒畅。人们常常回忆以前走过的路、路上经历的事、路上见过的人。无论是好事坏事，无论是好人坏人，都会像看电影一样在眼前过一遍。不管是辉煌的一生，还是平凡的一生，这些虚无的结果都无足轻重，重要的是岁月的印痕无法抹掉。

60 岁不求创造，但求保持一颗年轻的心。这就是人的一辈子，短短几十年，一晃就过去。无论是辉煌还是平凡，无论是平坦还是坎坷，你都得一步一步地走过去，不可能跳过平凡，更不可能跳过坎坷奔向成功。

心灵悄悄话
XIN LING QIAO QIAO HUA >>>

要实现理想，必须跨越那些没有必要的人生之坎，只有做好了选择和舍弃，才能从容地解决人生中的难题，从容地面对你的理想，实现你的精彩人生。

放得下是人生的一种境界

为什么有的人活得很轻松、过得很快乐，而有的人却活得很沉重、过得很悲惨？因为快乐的人拿得起放得下，不快乐的人却拿得起放不下。所以说放不下是人生最大的包袱。人一生中不可能什么都能得到，当生活让你交出权力、抛弃爱情、放走机遇之时，你应该学会舍弃一些东西。

人生不如意之事十之八九，要学会给自己减压才能快乐，有时候学会忘记就是减压的一个好方法，人生需要拿得起和放得下。

人生其实就是一次长途旅行，在前行的途中会遇到各种各样的事情，经历各种各样的险境，如果把过去的一切都记住，那会增加许多的负担，进而变成累赘，使压力越来越大。为什么不学着忘记？一路走来，轻装上阵会让你活得更精彩。无论成功还是失败都是过去时，不能只是忘记失意时的尴尬和窘迫，还要切忌沉湎于过去的得意之事、不求上进。都说好汉不提当年勇，看来这句话非常有道理。一直生活在过去的痛苦中不能自拔的人更不足取了，过去的辉煌、荣誉、烦恼、痛苦等一切都要忘记，只有忘记这些才能活得更轻松，进而获得快乐，推动着你更好地前进。无论背负着过去的成果还是失败的阴影，都会让我们感到很累。

当然，生命中也有很多不能忘记的事，例如，记住别人对你的好、记住对别人的承诺、记住自己的责任等。

著名作家阿里，曾经和吉伯、马沙两位很要好的朋友外出旅游。当他们三人行至一处山谷时，由于山谷险峻，马沙一不小心脚踩空了，险些坠落谷中，辛亏吉伯及时拉住马沙，救了他。得救的马沙非常感激吉伯，正巧附近有块大石头，马沙就在大石头上刻下了一句话："某年某月某日，吉伯救了马沙一命。"之后三个好朋友继续向前走。几天之后，因为一点小事，吉

伯和马沙两人吵得面红耳赤，最后吉伯竟然对着马沙的脸打了一巴掌。马沙很生气，于是在沙滩上写下一句话："某年某月某日，吉伯打了马沙一耳光。"当他们三人结束旅游回来后，作家阿里忍不住好奇地问马沙："你为什么要把吉伯救你的事刻在岩石上，而将吉伯打你的事写在沙滩上呢？"马沙轻轻一笑说道："刻在岩石上的事说明我会永远记住，而写在沙滩上的会很快在我的心里消失。我永远会记住吉伯救我，而不会记住他曾经打过我。"

我们做人就应该像马沙一样，永远记住别人对你的帮助，不要记住别人对你的不好。记住该记住的，忘记该忘记的，这才是积极洒脱的人生。

人生没有舍弃就没有选择，没有选择何来更好地发展？人生处处是风景，不能沉浸于过去的风景中停下脚步，因为前方还有更加美丽的风景等着你去发掘。

生命之中的辉煌并不是在某一阶段才有，每一年都有阳光灿烂的春天，每一年都有硕果累累的秋天，忘记过去，展望未来，你的人生一定会更加美好。

时常思考一下如何能更好地生活和工作，如何能更好地发挥自己的水平，如何能更好地为人处世，不要存在思考这些太早或太迟的想法，凡事都做到有备无患、防患于未然，这样会让你获益颇多。你需要给思想一双翅膀让它去自由飞翔，这样才能知道眼前的世界是多么渺小。只有走出眼前生硬的疆界，把目光放长远，才能有所发展，有所突破。

每个人来到世间都应该有所作为，而不是碌碌无为。要重视自己，欣赏自己，因为每个人的生命都同样伟大，没有高低贵贱之分。生活处处充满体验和成长的机会，身处险境更是你展示自己的好机会。生活在回忆里的人都是在白白浪费生命，虚度光阴。

每个人都有选择生活的权力，选择活在过去的人永远不会快乐，更不会成功；选择忘记过去，着眼于未来的人才能成大事。

在现实生活中，有的人坚守最初的理想不放弃，这种矢志不移的精神固然让人敬佩，但是必须是正确的、有希望的道路。否则，就必须马上退出，另辟一条适合你的道路。坚守没有希望的道路，不但会让你失去发展的机会，更会让成功远离你。一件事不成功不能说明自己没能力，可能是

选择的方向有问题。只有找到正确的目标,审时度势,才能做好选择。

可以说,人生在世拿得起是一种勇气,放得下是一种智慧。只有放得下,才能好好把握人生,才能卸下心中的包袱,从而活得轻松而幸福。

心灵悄悄话
XIN LING QIAO QIAO HUA >>>

如果一点鸡毛蒜皮之事就铭记在心,甚至耿耿于怀,这只会让痛苦的过去拴住你的双脚,阻碍你的发展。而总是不忘别人的坏处,其实也是在害自己,真正快乐的人都是那些心胸开阔、既往不咎的人。

倒出鞋里的沙子

著名诗人伏尔泰曾经说过："让人疲惫不堪的不是远方的高山，而是鞋子里的一粒沙子。"

走在人生道路上的你必须要倒出鞋里的沙子，否则有一天你会输给这粒微不足道的沙子。生活中有时候巨大的挑战并不会打垮你，而一些像沙子一样的琐碎之事则有可能将你打倒。

"千里之行，始于足下"，一个人要想有所成，就必须从小事做起。"天下难事必作于易，天下大事必作于细"，老子这番话精辟深刻，它告诫人们：要想成就一番事业，就要从简单的事情入手，一个不把细小事情放在眼里的人，永远不会成就大事业。

沙粒虽小，在人生的道路上却有着重大的影响，它往往会阻碍人们前进的步伐，制约人们的发展。其实，沙子就如同我们生活中总也改不掉的坏毛病、坏习惯。在我们眼中，这些坏毛病和坏习惯不妨碍我们的前进，不妨碍我们取得成功，看上去微不足道。殊不知，正是这些毫不起眼的坏习惯、坏毛病，使得我们经历一次又一次的失败，它们表面看上去很渺小，实际上却深深地毒害我们，让我们一次又一次与成功擦肩而过。正如长了歪枝的小树，只有砍掉歪枝，才能茁壮成长变成参天大树。一个不起眼的坏毛病、坏习惯，也许会成为你的败笔，影响着你的一生。

我们的生活就是这样，让你感到累的不是远处的高山，而是自己鞋里的一粒沙子。我们总是千方百计地去想如何攀登高峰，却不曾想着弯下腰将鞋子里的沙子倒掉。事实上，面对生活只有脚踏实地，一步一步向前走，才能有所成就。让我们感到激动的是取得成功后的喜悦，让我们心情沮丧的是挫折，让我们懊恼的就是鞋里的那一粒沙子，正是这个被我们忽略的细小沙子，导致我们身心疲惫、心力交瘁，让成功离我们而去。

其实在人生的路上，自己才是自己最大的绊脚石，如果我们能将困难、坎坷、挫折、打击看得洒脱一些，用乐观积极的心态去面对，就必然会创造出一番成就。

有一天上帝带来几个问题，分别向悲观和乐观的人问道："希望是什么？"

悲观的人说："希望是地平线，看得到却走不到。"

乐观的人说："希望是启明星，它带给人曙光。"

上帝问道："风是什么？"

悲观的人说："风是浪的帮凶，把你埋葬在大海里。"

乐观的人说："风是帆的朋友，帮你到达胜利的彼岸。"

上帝问道："生命是不是花？"

悲观的人说："生命是花又怎样，花谢了也就永远没了。"

乐观的人说："生命是花，它谢了却留下了果实。"

上帝问道："向前一直走会怎么样？"

悲观的人说："向前一直走碰到的是坑坑洼洼。"

乐观的人说："向前一直走看到的是柳暗花明。"

上帝问道："春雨好不好？"

悲观的人说："一点都不好，春雨会让野草长得更疯狂。"

乐观的人说："春雨好，它会让花儿更鲜艳。"

上帝问道："给你一片荒山，你会怎样？"

悲观的人说："给我荒山，我只能建一块墓地。"

乐观的人说："给我荒山，我要全部种上绿树。"

……

因为这一场争论，上帝送给他们不同的礼物：乐观者的礼物是勇气，悲观者的礼物是眼泪。

自己的生活方式是可以选择的，为什么我们不选择乐观的生活呢？人生在世难免会受到打击和挫折，这时你不能怨天尤人，让悲观的心态阻碍你的前行。胸怀不宽广，就不能容纳异己；不虚心接受批评，就意识不到自

己的错误，自然也就不能取得成功。只有把鞋子里的沙子倒掉，才能站在高山上。

成败只在一瞬间，瞬间的迷离、瞬间的疏忽、瞬间的倾颓，这些都是阻碍你成功的"绊脚石"。也许你没有高人一等的悟性，但你要知道，自己无法登上高山，不是因为体力不支，而是由于鞋子里的沙子，只要将沙子取出便可继续前进，不然这粒不起眼的沙子会把你的斗志一点点消磨掉，直到你的斗志尽失。生活中有多少事情因那一粒沙子而失败，所以人生的道路上，请不要忽略鞋里的那一粒沙子，发现了要及时将它倒出来，不要等到已经失败了，再回头倒沙子，那时一切为时已晚。

要想顺利地前进，必须做到发现沙子立即倒出。如果当年唐玄宗能及时倒掉"安、史"这两粒沙子，那么就不会有后来的安史之乱；如果楚平王能及时倒掉"费无忌"这粒沙子，那么楚国上下本可保有安宁之日……

心灵悄悄话
XIN LING QIAO QIAO HUA >>>

我们要认真做一番自我检查，看看前进的路上是否存在这样的沙子阻碍你的成功，如果有，请及时将其倒掉，这样我们就会心无杂念，更好地面对人生。只有学会倒出鞋里的沙子，我们才会在人生的道路上走得更远。

放眼未来，做深谋远虑之人

放下是一种深远的人生谋略，是一种深邃的智慧。在人生航行的途中，生命之舟载不动太多的东西，只有舍弃那些无用的东西，才能到达理想的彼岸，否则就会在中途沉没。

印度热带丛林里常常有猴子出没，这里的人们经常捕捉猴子，他们用的是一种很奇特的狩猎方式：在一个木制的小盒子里放上猴子喜欢吃的坚果，这个小盒子必须牢牢地被固定住，在盒子上开一个小口，其大小以能够让猴子的前爪伸进去为最佳。这样一旦猴子抓住盒子里的坚果，爪子就会拿不出来。这里的人们用这种方式经常捉到猴子，因为不舍得放下手里的东西是猴子的习性，这也是它们被捕捉的原因。

看到这里，你一定会笑猴子实在太蠢了，把爪子松开不就逃跑了吗？回过头来看看我们自己，还有身边的一些人，不正是经常会犯猴子那样的错误吗？

有些人放不下手里的名利、地位、待遇，每天忙碌不停，东奔西跑，不但耽误了工作还影响了身心健康；有些人放不下拥有的钱财，天天费尽心机，想着到处占便宜，最终是自作自受，葬送了自己的大好前程；有些人放不下手中的权力，行贿受贿，昧着良心做坏事，当事情败露后暗自落泪，后悔也为时已晚。尽管人们的奋斗都是为了获得，但有些东西是必须放弃的，比如名利、金钱、虚荣等。懂得放弃的人每天都以乐观的心态看待没得到的东西，他们每天都生活在快乐之中，而不懂得放弃的人每天只会活在焦头烂额之中，他们最终不会到达理想的彼岸。

古人云："天下人皆以取之为取，而不知以与之为取。"人生在世，要舍

得放弃,放弃是一种深远的人生谋略,只有明智的放弃才有辉煌的未来。

有一个年轻人问富翁:"你是如何获取成功的?"富翁什么也没说,而是把三块不一样大小的西瓜放在年轻人面前,问年轻人:"每块西瓜代表着一定的利益,大块西瓜代表大利益,小块西瓜代表小利益,你选择哪块?"年轻人不假思索地说:"我要最大的那块。"年轻人心想这么简单的问题连三岁小孩子都知道,只要不是脑子有问题都会选大的。富翁轻轻一笑,随即说道:"那你就先吃那块大的吧。"富翁递给年轻人最大的那一块西瓜,而自己却拿起最小的那一块慢慢吃起来。过了一会儿,富翁便吃完了,之后他又拿起最后一块西瓜扬扬得意地在年轻人的面前晃了晃,然后笑容满面地大吃起来。年轻人愣了一下,但很快就明白了:年轻人吃了一块大的西瓜,富翁吃了两块小的西瓜,富翁吃的每块西瓜虽然小于年轻人的,但是却比年轻人吃得多。如果西瓜代表着利益,那富翁得到的利益就比年轻人多。西瓜吃完了,富翁也开始讲话了,他告诉年轻人,他的成功之道就是:要想成功就必须学会舍弃,只有先舍弃眼前的小利益,才能得到以后的大利益。

放下是一种智慧。人生之路并不长,拿得太多了就要放弃一些,一条道走了很久却看不到希望,就要选择放弃。我们不能把时间当作赌注全部押在一条路上,我们输不起。永不言弃让人听起来感觉多么伟大,但它却并非适合每个人、每件事。

只有舍得暂时放下不必在意的,才能顺利到达目的地,才能活得充实,才能体验到生活的真正美好。要想成为一名登山健将,就必须放弃白净、嫩滑的皮肤;要想亲手采摘一束清新的田野之花,就必须放弃安逸、舒适的城市生活;要想获取热烈的掌声,就必须放弃眼前的虚荣和权贵。因为背负太重,所以才举步维艰,因为不会放弃,所以才负担太多。放弃烦恼得到的便是快乐,放弃利益得到的便是轻松洒脱的人生。虽然放弃犹如壮士断臂般疼痛,但放弃是为了更美好的开始。放弃是一种明智的选择,是一种人生的宽容,敢于放弃的人是坚强的人,只有坚强的人才有希望实现理想,取得成功。

成功之人曾说过:"我感谢1000次的失败,因为它让我有了1001次的

希望。"只有勇于放弃,重新选择,你才会"柳暗花明又一村"。不被眼前利益所动,面对眼前的利益时能用智慧的眼光去看长远,这就是成功人士的作为。

阿里巴巴网络的创始人马云,曾经靠蹬人力三轮车来维持生活,那时他只是一个车夫。如果他只看到眼前的那一点薪水,他就是一个平平庸庸的人。可是后来他放弃了这份用体力挣钱的工作,放弃了平淡无味的生活。经过努力拼搏,辛苦付出,成了一名光荣的、备受人们尊敬的英语老师。在当时这已经是人人美慕的职业了,可他依旧放弃了这份人人美慕的工作,把长远的眼光投向了网络,开创了"阿里巴巴"网站。

功夫不负苦心人,阿里巴巴在马云的运作下名气越来越大,后来又收购了雅虎的中国部分,创造了一次又一次的辉煌。如果马云不懂得放弃,也就不会有今天的成就。

心灵悄悄话
XIN LING QIAO QIAO HUA >>>

人一生之中会面临很多的选择,每次选择的前提就是要得到什么和放下什么,正确的放下便是成功的第一步,所以放下被称为一种深远的人生谋略。

第二篇 >>>

勿烦恼，养身心

　　生活原本是没有烦恼，但人因为欲望太多，烦恼痛苦就会随之而来。使你变得恐惧、狭隘、懒惰，变得黯然，所以只有放下欲望，放下烦恼，痛苦和压力才会远离你，你才拥有快乐的生活、更广大的空间、更宽广的交际；唯有放下烦恼，才能让你的为人处世更加睿智，你的心灵才不会蒙尘，才能永远保持一处清凉。

　　凡事都不要太介怀，以一种平和的心态去面对，使自己的心灵得以升华和超脱，花落时忘却，花开时快乐，有一片静谧和宁静的天空。

放下是修身养性的最高境界

生活中人们总是在拼命地追逐一些东西，尽管有些东西是他们并不需要的，但是他们仍然将自己的全部精力都用在索取这些东西上。而他们这样做的原因，也不过是为了适应社会的发展，如若不然就会被社会淘汰。因此，他们的全部时间都花费在索求上，却从没有停下来想想他所追求的是不是他所需要的。这些人就像是陷入了一个怪圈，得到了一样东西后，又匆匆地去掠取另一样东西，从来不知满足，从来不懂放下。他们没有时间想，他们获得了这些东西之后，是否便真的快乐了。其实想要快乐很简单，就像是下面这则故事中的那个老人一样，只要放下，便可快乐。

有一位凡事都放得下的老人，他一心只想施舍，全心全意地付出，从来不与人争执，过着淡泊名利、与世无争的逍遥生活。有一天，波斯国王出城巡游，他坐在高大的白象身上。途中，波斯国王远远看到一位白发苍苍的老人慢悠悠地走过来，由于担心自己的这头白象会让老人受惊，于是他立即吩咐随从："停下来！快停下来！"就这样，前面留出了一大块地方，老人可以安全通过了。面对这种情况，老人很感谢波斯国王如此照顾他这么一个平凡的百姓，二人交谈几句之后，波斯国王问及老人的年龄，老人回答："我只有4岁。"波斯国王很诧异，问："您才4岁？怎么可能！"

老人很肯定地说："是的，我只有4岁，因为我4年前的生活过得很糊涂、很懵懂，是非不分、善恶不辨的生活并不能算是真正的人生。而4年前，我有幸接触到佛法，也就是说我接受佛陀的教育才4年，所以我的人生也才过了4年。现在，我凡事都能放下，只想要施舍，在我有生之年只求付出不求回报，从付出中体会快乐，从放下中享受轻松，过着不与人计较的自由生活。也正是因为如此，我才能了解到什么是心无烦恼，什么是身轻心

安。这4年来,我生活得逍遥自在.在我看来这才是真正的人生,所以我说我真正会做人的年龄也才4岁。"

波斯国王听完老人这番充满大智慧的话之后,高兴地说道:"老人家,人生确实如同你所说的那般,要拿得起放得下,舍得付出、与人无争、无欲则刚,这才是最逍遥的人生。可见,尽管你听闻佛法才4年,但是你已经领悟到人生的真谛,达到了修身养性的最高境界。"

其实放下很简单,人们只需要看清自己所需要的是什么,不被大众所影响,真正地看清自己的生活,而不是随波逐流,这样你就会发现,你所追求的很多东西都是可以放下的。而你的生活也会因此而回归到简单、自然中,同时,你还会收获更多的快乐和幸福。对于放下、放空、放心这些能够修身养性的品质,刘墉先生讲述了一个故事。

寺院里新来了个小沙弥,他对什么东西都感到好奇。秋天,禅院里红叶飞舞,小沙弥跑去问师父:"师父,你看这红叶这么美,为什么还会掉呢?如果总是留在树上该多好啊!"

师父一笑,对小沙弥说:"因为冬天来了,树的营养供养不了那么多叶子的生命,只好舍弃。但这不是'放弃',而是树的'放下'。"

冬天到了,小沙弥看到自己的师兄们将院子里的水缸倒扣过来,不再用来盛水,又跑过去问师父:"师父,师兄们为什么要把好好的水倒掉呢?多浪费呀!"

师父耐心地回答:"因为冬天来了,天气变冷,水缸里的水会结冰膨胀起来,把水缸撑破,所以才要将水倒干净。但是你要记住,这并不是'倒空',而是'放空'。"

冬天天气寒冷,又恰巧遇到经济危机,寺院里香油钱一下子减少了很多,小沙弥被寺院里凄凉的气氛感染了,于是连忙跑去问师父怎么办。

师父打坐在蒲团上,严厉地说:"去数数柜子里还挂有多少件衣服、柴房里还有多少柴火、仓库里又有多少土豆! 想那么多没有的干吗? 多想想我们有的。要知道苦日子并不是没有头的,总会过去的,春天也迟早有一天会到来的,你要放心。但'放心'并不等同于'不用心',而是把心安

顿好。"

过后不久，春天到了。或许是因为冬天的雪下得特别多，那年的春天，山花开得尤为灿烂，更胜往年，寺院里的香火也慢慢恢复到往日的盛况。此时，老和尚决定出远门，拜访一位老友，互相探讨佛法。这时候，小沙弥跟到山门，问师父："师父您走了，剩下弟子们遇到事情可怎么办呢？"

老和尚没有回头，笑着挥挥手说："你们已经学会了放下、放空、放心，我还有什么不能放手的呢？"

可以说，老和尚所谓的"放下""放空""放心"与"放手"，每一个都是人生的大境界，而这些大境界中都包含了一个"放"字，也就意味着"放弃"，只有放弃那些担心、烦恼、欲望，才能得到心灵的解脱，才能让自己的人生道路更加清晰明朗。

其实每一个人的生命都如同一叶扁舟，它的承载量总是有限的，载不动过多的物欲、虚荣、忧愁、烦恼。如果想要让自己的生命之舟顺利到达彼岸，而不至于在中途因为超载而沉没，就必须有所取舍，放下那些只会让你的生命变得更加沉重的东西、阻碍你前行的东西，只承载你所需要的。

人们要知道，放弃并不意味着丢掉进取之心，也不意味着扔下一切，而是一种修养，是用审时度势的态度、去伪存真的选择，让自己甩掉身上的包袱，以更加轻松、愉快的态度面对人生。

心灵悄悄话
XIN LING QIAO QIAO HUA >>>

放弃了人生中的累赘，人们才能保留生命中最具有价值、最纯粹的部分，才能看清生命的意义，才能在面对放下时做出正确的选择。

把怨恨留在身后

古人有云："正心、修身、齐家、治国然后平天下。"可以说，心正是人的成功之本。而要正其心，就必须放下心中的怨与恨。因为，只有放下怨恨，才能更好地前进。

一个心宽体胖、内心充满了宽容的人，他的生活一定过得很平静、祥和、快乐与幸福。因为他不会被这样或者那样的事情所困扰，不会因为别人的中伤而让自己活在怨恨里，他会用一颗宽容的心，容纳别人对他的中伤、排挤与暗算。反之，一个内心充满怨恨的人，他想的绝对不是如何放下自己的怨恨，而是报复。当一个人的内心被邪恶的念头所占据的时候，他的脸上也会生出面目可憎的样子，而他的怨恨会让他对生活感到不满，他的朋友也会逐渐疏远他。所以，将怨恨放下，将宽容拾起，能够使一个人心态平和，同时这也是一个人具有人生大智慧的表现。因此，人们不应该执着于怨恨，而要学会宽容，当你宽容了别人的时候，你也会为自己的世界打开一扇窗，从而看到更美的天空。

智者，放下怨恨。因为，怨恨会干扰人的判断而使人愚昧。战国时，鬼谷子的门生庞涓便是放不下对孙膑的怨恨，不断陷害，不断报复，不仅落得身死的下场，还连累魏国使国力大衰。而三国时的诸葛孔明则是一个真正的智者。三顾茅庐可以称得上是万世佳话，却也使得孔明与关羽、张飞等人关系紧张。可是孔明没有对关、张的冒犯斤斤计较，而是放下怨恨，以理智的心态来指点江山，令蜀国平稳地渡过无数难关，终于三分天下。智者，若是不懂得放下怨恨，"智"从何来？智者，放下怨恨，妙算神机。

从前，一位国王要在三个儿子中选出王位继承人，要他们外出游历一年，做一件高尚的事。一年后，三个儿子归来讲述游历中的事情。

大儿子说："父王，在我出外游历的一年间，我曾经遇到过一个陌生人，在我和他共同行走三天后，他十分信任我，交给我 1000 枚金币要我带给他住在另一个城镇的儿子。当我游历经过那个城镇后，我将这 1000 枚金币原封不动地交给了他的儿子。"

国王听后点点头，但是并没有露出欣慰的笑容，国王对大儿子说："你做得很对，我为你的诚实守信感到骄傲。但是诚实是做人的基本道德，并不能称之为是一件高尚的事情。"

二儿子接着对国王说："父王，我外出游历曾经到过一个村庄，刚好在我居住的那天晚上，村庄里来了强盗，我冲上去和强盗搏斗，帮助村民赶走了强盗，保护了村民的财产和生命安全，并且配合官府剿灭了这伙强盗。"

国王听后也点点头，对二儿子说："你做得也很对，那些村民会十分感谢你的。但是救人是你的职责，因为这些村民都是你的兄弟姐妹，你有义务保护他们的安全，所以这也称不上是一件高尚的事情。"

最后轮到小儿子讲述他游历中的事情，小儿子迟疑了一会儿，说道："在这一年的游历里，我的经历十分平凡，既没有遇到大哥这样诚实守信的事情，也没有遇到二哥这种需要我挺身而出、见义勇为的事情。要是硬要我说出一件事情的话，那也只有在我游历的时候，我不小心得罪了一个人，那个人千方百计地想要陷害我，置我于死地，有好几次我都差点死在他的手上。有一天晚上，我牵着马走在一座山峰的悬崖边，正好看到我的那个仇人睡在一棵大树下，当时只要我轻轻地一推，那个仇人就会掉落悬崖摔死，而我也就不用怕他会再来暗算我了。但是我没有那么做，而是叫醒了他，告诉他睡在这十分危险，并且劝告他继续赶路，早点离开这座山。因为看当时的天气像是快要下雨的样子，如果继续留在那里，可能会遭遇泥石流、山体塌方等危险。过了几天，当我路过一条河，下马准备过河的时候，一只老虎突然从我身后的树林里蹿出来，并向我扑过来。正当我感到绝望、认为自己一定会命丧于此的时候，我的仇人从后面赶来，给了老虎一刀，要了老虎的性命，我也因此获救。后来我问他为什么要救我，他对我说：'是你救我在先，你用你的仁爱之心、宽容之心化解了我心中对你的怨恨。当我发现我心中不再存有怨恨的时候，也发现了这个世界的风景是如此美好。所以你不但挽救了我的性命，还挽救了我的心灵，现在我有能力

救你，又有什么不应该的呢？' 这件事跟大哥和二哥所做的事情比起来，实在不能算是什么大事。"

可是国王听后却哈哈大笑了起来："我的孩子，你能够帮助你的仇人，不计较他先前对你的种种伤害，这件事就已经是一件高尚的事情，更何况，你还化解了他心中的怨恨，让这个世界上心中充满宽容与仁爱的人又多了一个，这怎么不是一件大事呢？从今天开始，你就要继承我的王位，我相信国家有你这样的君主，是国家之福，也是百姓之福啊！"

智者，放下怨恨。因为，只有放下怨恨才能止于至善。生于春秋乱世的孔子是中国最伟大的人之一。他治国以仁，服人以礼，更是敏而好学，不耻下问，可谓奇才也。不幸的是，他虽然胸有大志，却从未受到过诸侯的重用。但是，他懂得"人不知而不愠"，从不怨恨世道不公，而是乐观而又坚定地"知其不可而为之"。终于，他成就贤名，桃李遍地，止于至善，流芳万世。智者，若是不能放下怨恨，"智"从何来？智者，放下怨恨，天人合一。

无论在何时，只有放下怨恨才能使人更好地前进。雨果曾说："世界上最宽广的是海洋，比海洋更宽广的是天空，而比天空更宽广的是人的胸怀。"只有放下怨恨，人们才能拥有比海洋、比天空更宽广的胸怀，才能站得更高，看得更远，想得更清，才能更好地前进。

心灵悄悄话
XIN LING QIAO QIAO HUA >>>

所以说当一个人放下怨恨的时候，他会用自己的仁爱感动他人，用自己的宽容感染他人，只有这样，仇恨才能化解，烦恼才能减少；也只有放下怨恨，人们才能感觉自己的生活越来越快乐、轻松、幸福。

放下即得快乐——愈放下愈快乐

当你紧紧抓住一大把大米的同时，有许多米粒会从你的指缝中掉出来；而当你张开手掌捧着一把大米时，你手里拥有的米比你紧紧抓住时要多得多。而这正是因为你懂得放下自己的贪婪，不让自己在意那些欲望、那些烦恼，所以你才能用平和的心态看待自己拥有的东西，即使那些东西会失去，你也不会觉得可惜。快乐不就像手中的这些大米吗？

《水浒传》中林冲、武松的武术师父周侗是一位战功赫赫、身经百战的老将军，他不仅在战场上挥斥方遒、无人能敌，更是培养出一批又一批的得意弟子，这些弟子个个身手不凡，作战谋略丝毫不亚于他。但是周侗也不可能永远在战场上杀敌，他解甲归田后，过了几天闲适的生活，便觉得生活实在太悠闲了。于是在朋友的建议下，他去了几次古玩店，并渐渐迷上了带有故事的古董。周侗对收藏到的每一件古董都沉迷至极，每一天都会把家里的古董拿出来擦了又擦，把玩不停，就连睡觉时手里都会抱着一件古董。有一天周侗的几个老朋友前来看望他，他眉飞色舞地将自己收藏的古董展示给朋友们看，并且讲解每一个古董背后的故事。当周侗介绍到他最喜欢的一个花瓶的时候，他的手忽然一滑，花瓶差点落在地上，还好，同行的朋友有个眼疾手快的，将即将落地的花瓶接住了，当朋友将花瓶交给周侗的时候，他才发现自己出了一身的冷汗。

这让周侗十分不解，他想自己戎马一生，在战场杀敌无数，经历的生死考验哪一次不比这件事惊险？但是也没有让自己吓出一身冷汗的时候啊！可是为什么现在一只花瓶就可以将自己吓成这样？对于这件事情，他想来想去始终也找不到最合理的解释。

但是从那天以后，周侗每天晚上睡觉都会梦到自己最喜欢的那个花瓶

不是被一阵风吹落到地上摔个粉碎,就是被"梁上君子"盗了去。每次醒来,他都是一身大汗。周侗的夫人见他因为一个花瓶而变得心力交瘁,很是心疼,便无意间说了一句:"这花瓶都成了你的心魔了,还不如直接把它摔碎,一了百了,你也就能放下心病了。"说者无意,听者有心,周侗听后恍然大悟,立即找出了令自己变得患得患失的原因。于是,他拿起自己最心爱的花瓶看了看,随后便一咬牙将其摔在了地上。从此,周侗又过上了无忧无虑的快乐生活,他也再没有因为担心古董摔碎而做噩梦,每天都能安稳地睡觉了。

人之所以有恐惧、烦恼,是因为太执迷,放不下。一旦人懂得了放下心中的障碍,便会发现从前那些困扰自己、让自己喘不过气来的东西实际上都不值一提。当人们学会放下的时候,便是烦恼消失的时候,而一旦懂得了放下,并且做到了放下,你会发现你的心灵万般自在,你也因此感到久违的快乐。

传说佛陀到世间为众生解决困惑的时候,有一名叫黑指的婆罗门曾经来到佛陀面前,他的双手各托着一个花瓶,打算将这两个花瓶献给佛陀。

佛陀看到黑指婆罗门后,大声对他说:"放下。"于是婆罗门就将他左手的花瓶放在了地上,此时佛陀又说:"放下。"婆罗门听后将他右手的花瓶也放到了地上。可是佛陀依然说:"放下"。黑指婆罗门感到十分诧异,对佛陀说:"佛祖啊,我手里已经空空的了,没有任何东西可以放下的了,您还叫我放下什么呢?"佛陀说:"我所说地放下并非是要你放下手中的花瓶,而是叫你放下你的尘缘,放下六根、六识和六尘,只有这样,你才能从世间的纷扰中摆脱出来,从而真正领悟何为佛,最终走出生死轮回。"

婆罗门此时才明白,佛陀的"放下"指的是自己内心地放下,自己如果可以将内心的贪、嗔、痴、怒、爱、恶、欲放下,自己就会立地成佛,就会摆脱尘世的困扰,不受欲望的迷惑,成为一个万般自在的人。

"放下"二字说起来十分简单,人们在生活中也常常会劝告自己要放得下、看得开,有失才有得。这并非是"吃不到葡萄说葡萄酸"的心理,而是经

过了数千年人类文明验证的经验，一个人计较得越少，放下的越多，他的生活过得越简单，这个人就越容易得到幸福和快乐，而他也会越长寿。一个人如果总是将权力、财富、地位作为自己的目标，眼睛紧紧盯在功名利禄上面，那么这个人也只会成为欲望的奴隶，他永远没有满足的那一天，也会离快乐越来越远。快乐其实很简单，越是简单的人生，越是简单生活的人，就越容易得到快乐。

心灵悄悄话
XIN LING QIAO QIAO HUA >>>

一个人越想要紧紧抓住快乐，快乐反而会越来越少。如果一个人面对生活，能够从容地做出取舍，那么他的快乐会逐渐增多。

记着给心灵洗个澡

面对舍得,智者会选择放下过去,将自己从心灵的束缚中解脱出来,而愚者会沉浸在自己过往的失败与不安中,无穷无尽地烦恼着,他们画地为牢,给自己的心灵加上一层又一层的枷锁。但是人生是不断向前走的,一个人如果总是背负着过重的负担向前行进,那么这个人总有一天会筋疲力尽,失去许多欣赏沿途美景的机会。而智者会时不时地将自己的心灵清洗一下,将过去产生的没必要的负担扔掉,或者将那些负担转化为动力,成为自己前进中的一次助力,让自己更加轻松与快乐。

人生总是有烦恼,因为执着,人们对过去的许多成功失败,喜怒哀乐总是放不下,人们的心灵被负累,或者看不到生命中的美丽景色。所以,只有放下烦恼,为自己的心灵洗个澡,人们才能发现自己的人生是色彩斑斓、充满不同精彩的。

从前有一个青年,他脾气暴躁,哪怕只是一点小事都会让他火冒三丈。虽然他也知道自己的脾气不好,但是却不知道应该怎样控制。有一天,他听说有位灵智大师神通广大,只要有人向他求教,他就一定可以帮助那个人解决任何烦恼。于是这个年轻人便开始寻找灵智大师。终于有一天,年轻人找到了千里之外的灵智大师。他对灵智大师说:"大师,这一路上我的感觉是如此的痛苦与孤独,长途跋涉让我疲惫至极,但我依然不得不打起精神继续上路。我的鞋子磨破了,荆棘割破了我的双脚,就连双手在攀登高山的时候也受了伤,血流不止。嗓子因为长期呼喊您的名字而嘶哑,但是为什么我如此虔诚,却还是感到如此痛苦呢?烦恼为什么没有离我远去?我为什么还是看不到阳光呢?"

大师没有立即回答年轻人的问题,而是指着他的心问:"你的内心里都

装着些什么?"

年轻人回答:"我只记着每一次我被伤害后的愤怒、被误解后的怨恨以及被嘲笑后的不甘,我不时地提醒自己不要忘记自己曾经受过的伤害,以后我会将这些伤害加倍返还给那些人。也正是因为有了这种意念,我才能支持到今天,才有这个决心和勇气来到了您的面前。"

灵智大师听了年轻人的话后,带着年轻人来到了河边,他们坐船来到对岸。此时,大师对年轻人说:"年轻人啊,你扛着船跟我一起赶路吧。"

年轻人万分惊讶,对灵智大师说:"大师,船那么沉,我能扛得动吗?"

大师笑了,对年轻人说:"是啊,孩子,这条船你是扛不动的。这条船就像是你身上的包裹一样,当我们过河的时候,船是有用的,当我们已经渡过了河,要继续赶路的时候,我们必须放下船行走,否则,背着这样一条船只会拖累我们前进的脚步,成为我们前进的包袱。你想要快乐,想要自己的生活不充满怨恨,那么你就放下你背上的包袱吧。生命的容积是有限的,生命所能承载的重量也是有限的,否则,就算是你访遍了天下的大师,你也不会感到一丝的快乐。"

年轻人听了大师的话后,静静地思考,觉得大师的话很有道理,他放下了心中的包袱,继续向前赶路,发现此时他行走得是那么轻松,他那颗一直烦躁的心也平静了很多,也因此感觉到自己的心灵就像是受了一次洗礼一样:干净、淡然。

要想让我们得到心灵飞扬,就首先要给自己的心灵洗个澡,因为快乐,不是机械地挪动你的面部表情,而是自内而外地改变你的心态,调节你的情绪,放飞你的心灵。所以放下过去的悲与喜,得与失,成与败,学会平静地接受现实,学会顺其自然,学会坦然地面对厄运,学会积极地看待人生,学会凡事都往好处想。这样,阳光就会流进心里来。放下一切不必在乎的,你的世界将会是一片光风雾月,快乐自然愿意接近于你,幸福感也将随之而来。

乔治曾任英国首相,在一次和朋友散步时,每走过一道门,他都要小心翼翼地把它关好。朋友纳闷地说:"你用不着关这些门呀。""唔,应该的,"

乔治说，"我这一辈子都在关闭我身后的门户。这是必需的，你觉得呢？当你关门的时候，所有过去的事都被关在后面了。然后，你就可以重新开始，向前迈进。"生活中我们能以乐观的态度去对待一切，好心情就会常伴我们。

爱默生经常以一种美妙的方式结束自己一天的生活。他对自己说："你已经做完了你能够做的事情。放弃你昨天做过的一些愚蠢荒唐的事情，明天将是崭新的一天，要好好地开始，使你的精神昂扬振奋，不至于使过去的错误成为未来的累赘。"他清楚地知道，一个人不应该以悔恨的心情结束一天。爱默生好比一个随时关门的人，他过完了一天就关闭一道门，把过去的事情统统忘掉。

要眠即眠，要坐即坐是多么自在的快乐之道啊！倘使你总是吃饭时不肯吃饭，万般忧愁，睡眠时不肯睡，千般计较，我们又怎么能够快乐呢？放得下，想得开，放飞我们心灵的翅膀，享受生活的吉祥与美好。

心灵悄悄话
XIN LING QIAO QIAO HUA >>>

生命如舟，我们的生命载不动太多的物欲和奢求。放弃那些根本不可能实现的梦想吧，不然，生命之舟就有沉没的危险。

人生要拥有一颗真正的平常心

在《士兵突击》中，吴哲常常将"平常心"挂在嘴边。那么，究竟什么是平常心呢？其实，平常心就是道，就是以一颗淡泊、安宁的心处世，只有这样人才可以立于不败之地。道家讲究无为之治，实际上是在无为中有为。也就是说，平常心就是要人们顺其自然，顺流而下，不要逆势而行，这样人们便可以得到心灵上的宁静。而宁静可以致远，一个拥有平常心的人，他的世界是没有边际的，在他的世界里，所有的东西、所有的情感应有尽有。所以尽管"平常心"只有这简简单单的三个字，但是在生活中，平常心却是人们很难跨越过的一道坎儿，因为许多人不懂得什么是真正的平常心，也不懂怎么样才能保持自己平常心的状态，更不懂得如何利用平常心让自己放下心中的不甘、怨怼、烦恼、忧愁等等。

平常心是"本来无一物，何处染尘埃"的超脱物外、超越自我的境界。应该说这样的境界是对平常心最好的解释，达到这种境界的人并不是看破"红尘俗世"，更不是消极的暂时逃避，而是以一种入世的姿态出世，是一种积极心态的表现，用这样的心态看尽人生百味，体会世事无常，因此他们常常是心无挂碍，没有任何事情能够羁绊住他们，成为他们的烦恼、障碍。

一个拥有聪明才智的人，他的成功往往比别人得来得更容易一些，但是在他们拥有聪明才智的同时，其思想也比较复杂，考虑的事情较他人更多，因此他们显得更加谨慎、小心，在处理事情的时候，他们直到将一切布置周全后才会开始行动。也正是因为如此，他们比别人拥有更多的欲望和野心，对成功更加执着，所以，他们也更难以拥有一颗"平常心"。这时候，这些聪明人往往因为自己的复杂思想，过于执着的欲望和野心，而迷失了自己人生的方向，忘记了做人做事的根本，此时聪明不但没有成为他们的助力，反而成为一种阻碍，一种慢性毒药，而这也就是人们常常说的"聪明

反被聪明误"。正是因为他们在成功的驱使下失去了平常心，不懂得放下自己过多的欲望和野心，导致自己越来越贪婪，他们前方的道路被迷雾所笼罩，他们也因此遭遇失败。一个人如果保持不了平常心，就会像下面这则故事里的猴子那样变得十分可笑。

有一天，百兽之王老虎要出远门，但是他担心自己不在的这段时间山林里会出现什么事情，因此他需要一个助手在他外出的这段时间来代理山中的事务。老虎思来想去，最后认为猴子聪明机灵，既不像狐狸那样狡猾，也不像狼那般好战，应该可以将山林里的事情处理得很好。因此他将猴子叫来，对猴子说："我外出不在山林的这段时间，山上的一切都交给你管理吧。"

猴子一听让自己做代理大王，感到有些困难，但是百兽之王的话他又不能不听。猴子想自己平时在上山自由自在地游荡惯了，喜欢四处攀爬，和自己的同伴们一起戏耍，现在要让自己做代理大王，一时间真的很难找到老虎那种威严的感觉。所以这只猴子便开始想办法，后来，他想到自己虽然不能变成老虎，但是至少自己可以模仿老虎的神态和举止，揣摩老虎的心理，尽量让自己显得十分威严，让其他动物在自己的震慑下能够踏踏实实地按照山中的规矩生活。

猴子的这种办法的确很有效，不久，他就将老虎的神态、说话的口吻以及那种威严的感觉模仿得十有八九了。以前和他一起玩耍的猴子都对他敬重有加，并推举他做猴子中的大王，它对自己的状态也十分满意，因为森林中的动物见了他，没有一个不诚惶诚恐、放低姿态的，猴子不禁感慨道："做大王的感觉真好啊！"

过了一段时间，老虎办完事情回来了，猴子开始苦闷起来，他发现从前围绕在他身上的光环全都不见了，自己又变成了一只平凡的猴子，但是无论他怎么努力也变不回从前的样子了，同伴们也开始讨厌他、疏远他，因为他总是端着一副大王的架子，对伙伴们呼来喝去，并显得颐指气使、喜怒无常。

平凡的猴子感到十分孤独和痛苦，他对自己的同伴说："你们为什么不能理解我，不能尊重我呢？不管怎么说我也曾经做过大王的。只是现在让

我一下子恢复到从前的状态实在是太难了，我这种痛苦，你们是不能理解的！"这时，一只小猴子天真地说："你说这些话的时候，还真是像大王呢！"

看了这个故事，你会不会认为故事中的猴子很可笑呢？但是在你取笑这只猴子之前，请先检讨一下自己：你有没有因为一时的风光、一时的成功，就得意忘形、恃才傲物，不将任何人放在眼里、忘记自己是谁了呢？你有没有因为一时的荣誉，就开始翘尾巴，摆出领导的架子，衣食住行都要有领导的派头了呢？

如果你没有，那么恭喜你，你还保持着一颗平常心，这颗平常心会让你在今后的道路中保持着冷静和理智。如果你有，那么请记住，不管你现在取得的成就有多大，你都需要保持一颗平常心，保留一份质朴、谨慎和求实的精神，抛弃欲望、贪求、烦恼、自负、自大等不良因素，始终以诚恳的姿态面对所有帮助你的人，这是一个人一生的资本。

心灵悄悄话
XIN LING QIAO QIAO HUA >>>

人们要拥有一颗平常心，首先要明白平常心是一种心境，它不仅能反映出人们对于周围的环境是否能够做到"不以物喜，不以己悲"，更要求人们能够对周围的人或者事做到"宠辱不惊，去留无意"，因为只有这样才能为人们的生活平添一份祥和与宁静。

放下万恶之心，方能豁达大度

　　每一个人都或多或少地存在一些烦恼，若想放下心中的烦恼，就必须要认清其根源。佛学里讲，烦恼源自心，这来自唐朝马祖道一禅师所提倡的"即心即佛"。

　　唐朝马祖道一禅师提倡"即心即佛"。他的弟子法常就是从他的这句话中悟出佛道，在彻悟后隐居于大梅山，从此诵经礼佛，不问世事。有一天，马祖派侍者去试探法常是否真正领悟了"即心即佛"的根本，侍者对法常说："师兄，你领悟了老师所说的'即心即佛'，但是最近老师为什么又说'非心非佛'呢？这不是自相矛盾的说法么？"法常听了侍者的话，对侍者说："别的我不管，我的佛道仍然是'即心即佛'。"侍者将法常的话原原本本地报告给了马祖道一禅师，马祖禅师听后欣然领首道："梅子熟了！"

　　法常在参悟了"即心即佛"的禅机后，就稳如泰山一般，岿然不动，即使老师180°转弯地将"即心即佛"改成"非心非佛"，对他来讲也不过是"竹影扫阶尘不动"，而法常的道也不会跟随老师意志的改变而改变。

　　因此，心一动，则万物皆随着而生气，纷纷攘攘，嘈嘈杂杂；心一静，则浮躁的人生回归于平静，尘劳销迹，万物从心过，却掀不起一丝涟漪。每个人心的动态都不一样，每一次动态都是千差万别的，就像是"诸法无常，诸法无我"一般；而心的静态则犹如"涅槃般寂静"。在悟道的人眼中，不管世间的变化多么巨大，如何差别动乱，这世间的一切依然归于平静，动乱颠倒最终也将归于寂静。

　　佛教中常常有用"明珠在掌"的话语比喻佛心并非是在高远之处、常人遥不可及，而是人人都可以持有、人人都可握之物。但是佛心虽然在每个

人的心中，若是不经过"石中之火，不打不发"，不经过修正，那么就如同身怀绝技但却不知如何使用一般枉然。

日本佛学大师铃木大拙在欧洲弘扬佛学、讲述禅宗的时候，有人曾经问他："佛祖释迦牟尼对众生最后的愿望是什么？"铃木大拙如此回答这个问题："释迦牟尼对众生最后的愿望就是，希望众生能够抛弃一切的依赖之心。"如果一个人常常依赖别人，无法做主自己的人生，面对诱惑和吸引没有抵抗力，常常被外界的事物所牵引，无法控制自己的思想、行为，这就是万般皆烦恼的来源。那么人们知道了烦恼来自自己的内心，该如何稳定人们的心灵，使得人们能够得到恒久的平静呢？

人们的心中主要存有 4 种心：妄想心、是非心、恶念心、自私心。当然，除了这些以外，还有许多妄动之心，而想要将这些妄动之心抛弃，就需要人们动用自己的正动之心去对治它。譬如说人们要时时存有惭愧心、忏悔心，当存有这样的心的时候，人们就会时时反省自己，对自己严格要求，对他人宽容；人们还要有欢喜心，对别人的一切，即使是自己不满、看不过去的行为、做法都要以欢喜之心来包容，如果一个人在生活中能够常常持有欢喜心，那么他便接触到了佛心，开始感悟到了佛理；此外，要存有感恩心、回报心，要常常想能为别人做些什么，怎么样能够帮助到别人。将自私自利抛弃，将奉献拾起，人们便具有了慈悲心。当人们具有了慈悲心之后，就进入了佛学的另一个阶段——静心。何谓静心。就是指平等心、广大心、菩提心以及寂静心。只有人们进入了静心的阶段，人们才能找到解决烦恼的根本办法，才不会再次被烦恼所困扰。

许多大师为了达到静心的状态，通常都隐居在深山古寺中，但是大多数人都是生活在现实生活中的，在这样的环境下，人们无可避免地会产生这样那样的矛盾，因此，烦恼也会随之增多，即使人们想要游离于群体之外，也难以办到。可以说烦恼是避免不了的，但是这并不代表在现实生活中人们就无法修炼静心的阶段，相反这更加要求人们把持住自己的内心，不被自私、妄想、恶念所迷惑。

闻名于世的意大利电影明星索菲娅·罗兰就是这样一位随心而行的

人，她十分喜欢这样的状态，她说："在我听从内心的选择的时候，我能够正视自己真正的感情，看到真实的自己。我可以在这样的情绪中品尝新思想，修正我过去所犯的错误。在我随心而行的时候，我仿佛置身于镶满不失真的镜子的房屋那样真实。"

罗兰认为，听从内心的选择，随心而行，使她得到灵魂与真诚对话的好机会，也使得罗兰恢复了青春，同时还减少了她过去累积的烦恼，让她变得宽容、慈善、大度。

心理学家经过研究后发现，只有随心而行才能体现出人们所追求的最高境界。许多人在青春年少的时候，都容易体会到随心而行的乐趣，尤其是某些具有特殊才华的人，更是会显出他们随心而行的特点。

心灵悄悄话
XIN LING QIAO QIAO HUA >>>

其实所有人烦恼的根源都在于自己的内心，人们只有放下自私心、妄想心、恶念心，才能从烦恼中解脱出来。在放下这些恶之心的同时，人也会变得豁达大度。

千金散尽还复来

"人生在世不称意，明朝散发弄扁舟。""天生我材必有用，千金散尽还复来。"面对得失，要从容潇洒，磊磊落落，心胸坦荡荡。只有放飞心情，才能看到另外的一番风景；只有放飞心情，才能够把握人生；只有放飞心情，才能让生活充实起来；只有放飞心情，才能让人生飞扬起来。

很久以前，一个老人挑着一根扁担，上面挂着盛满豆汤的壶。途中他不慎跌了一跤，壶掉在地上摔得粉碎，老人爬起后却若无其事地继续前行。一个人急忙跑过来对他说："你不知道你的壶摔碎了吗？""当然知道。"老人回答。"那你怎么不转身看看该怎么办呢？""壶已经碎了，豆汤也流光了，你说我能怎么办？"壶摔碎，豆汤流光固然可惜，但毅然决定放弃无用的东西未必不是好事。生活中，人们首先要做的就是学会放弃。

我们要常怀一颗平和之心，以豁达的态度直面人生，学会用辩证的思维看待生活，勇于争取，善于放弃。

现代社会充满诱惑，做学问的总想搞出大而全的"体系"，做生意的唯恐遗漏任何赚钱的机会，就连吃喝宴请也要讲究"十全大补"和"满汉全席"……然而做什么都要选择，所以更需要在选择中学会舍弃，什么都不愿意舍弃的人其结果必然是对生命的舍弃。舍弃是一种勇气，也是一门学问。

诸多事实表明，成就事业，有时需要"面面俱到"，有时却要大胆舍弃。善于舍弃，包含着审时度势的智慧，当断则断的勇气，反映了一个人的素质和能力。两利相权取其重，两弊相权取其轻，扬长避短，发挥优势等，讲的都是这个道理。很多时候，适时的舍弃胜于盲目的执着，这能让人腾出时

间和精力去做更有价值的事情。形象地说,这不过是把拳头收回来,准备再一次出击而已!

"鱼,我所欲也,熊掌,亦我所欲也。二者不可兼得,舍鱼而取熊掌者也。"鱼和熊掌都要,当然是最理想的,但这种可能性却是很小的。通常情况下,人们往往需要在鱼和熊掌中选择一个,而这也是对生活的选择。该出手时就出手,该舍弃时就舍弃,这就是生活,淡看人生得失。

有一个青岛商人在出货时发现急需缝制箱包的专用线绳不够用了,于是把电话打给河北白沟一个专卖线绳的人,要求他当天就把线发出。商人要赶在第二天晚上之前,把包缝制好,随船出口。卖线人不敢怠慢,赶紧把线带到霸州,然而等赶到霸州,开往青岛的车已走。卖线人赶紧打电话告诉商人,哪知商人急了,要他想尽一切办法也要把线运到青岛,如果这批货走不了,商人将血本无归。

这让卖线人很为难,因为对方要的线总价值才 150 元,他要是坐飞机去送,肯定是吃亏的。然而思量再三,卖线人最终还是选择了坐飞机把线送了过去,当他第二天上午 11 点出现在青岛时,商户早已等在了机场,而且热泪盈眶。卖线人没料到,从青岛回来后,竟有许多客户找上门来要和他做生意,这些客户大多是青岛商人介绍来的。

一位哲人说过:"人生最远的距离是'得'和'失',有失去才有得到,道理谁都懂得,可是要去做,却并不容易。"不容易在哪里?如果那个卖线人为了自己的小利而放弃这桩生意,他能有以后的诸多客源吗?答案当然是不能。舍弃有时候是痛苦的,有时候却是美好的。

有人说:"人生之难胜过逆水行舟。"只有明白了失去之道和获得之法,并将之运用于生活、人生,人们才能从无尽的烦恼中解脱出来。

尘世中的人们,大都有"终朝只恨聚无多"的心理,无论做什么都只想得到,舍弃谈何容易?纵观社会,横看人生,有撑死的,也有饿死的;有穷死的,也有富死的;有能干死的,也有窝囊死的;有因祸得福的,也有因福得祸的。如此等等,不一而足。

何时该获得,何时该舍弃,真是很困难,天下没有放之四海而皆准的真

理,只有根据此时、此地、此情、此景去综合地考虑。但是人们考虑获得和舍弃的时候大都有一个误区,那就是不能用辩证的哲学观点来权衡获得和舍弃的利弊得失。

心灵悄悄话
XIN LING QIAO QIAO HUA >>>

你得到了事业,很可能就要失去生活;你坚持了原则,就会失去朋友;你舍不得机关生活的安逸,就得不到下海冲浪的收获。什么都想得到的人,结果什么都得不到,就像熊瞎子掰棒子一样,到头来一无所有。舍弃有时会有峰回路转的奇妙效果。

退一步，生活的天空更广阔

有人认为"退一步"是软弱、委曲求全、甘居人后的表现。其实不然。"退一步"的人往往具有广阔的胸襟，多是不拘小节、气度非凡、卧薪尝胆之人，这种人往往更懂得生活，更知道"退一步"在生活中的作用。遇事只要退一步去想、去做，说不定就会柳暗花明，晴空万里，更会让你摆脱"只缘身在此山中"的局限，避免成为笼中鸟的悲哀。

生活环境不是真空的，每个人都要面临错综复杂的社会关系，不懂得"退一步"，只会一味争抢，就可能造成头破血流、鱼死网破，最后落个两败俱伤的下场。如果双方都能冷静下来，从各个角度去思考，给对方多一些理解和宽容，学着"退一步"，诸多矛盾说不定也就一次性解决了。其实，在前进的道路上，"退一步"积蓄一下力量，变换一下策略，瞅准一下时机，为更好地"进一步"打下坚实的基础，又何乐而不为呢？必要的时候"退一步"，是一个人意志品质和素质的体现，只有胸怀坦荡的人才会做出这样的选择。

古时某人在朝为官，一天突然接到老家书信。拆开来是家人与邻居发生争执，起因是隔开两家院子的墙倒了，重新砌墙时都想多占些地皮而寸土不让。家人于是写信来请他出面说话，以便让邻居退缩。不久，官员的家人收到了盼望已久的回信，里面却只有一首打油诗：千里捎书为筑墙，让他三尺又何妨。万里长城今犹在，不见当年秦始皇。家人于是明白了其中的道理，主动往后退三尺，邻居一见也不甘落后，也往后退三尺，于是中间出现了一条六尺宽的胡同，可供村民行走。村人后来将胡同命名为"仁义胡同"。

　　在遇事时给自己五分钟时间，冷静地思考一下，一定可以拥有更开阔的心境，可以做出更加睿智的决策。人生百态，各有所爱，你爱吃鱼，他爱吃鸭，缘分安排大家一桌共食，各自也都吃到了喜欢的东西，又何必强求别人一定要吃自己喜欢的东西呢？如果能承认双方品质各自有异的客观存在，便会对彼此的不同感到快乐，若能互相学习，彼此宽容，就能一团和气。转换思维，用博大胸怀去包容万物，退一步海阔天空，到那时，你会感到"明月装饰了你的窗子，你装饰了别人的梦"，就会有出人意料的美，意想不到的奇迹。

　　"退一步"是生活中的一门学问。在生活中，每个人都会面对让自己进退维谷的状况，这时，"退一步"不仅是你风度的表现，还是掌控局势的良方。

　　古希腊一直流传着大英雄海格力斯的故事。一天海格力斯走在坎坷不平的山路上，忽然发现脚边有个袋子似的东西很碍脚，他就走过去踩了那东西一脚，谁知那东西不但没被踩破，反而膨胀起来。海格力斯恼羞成怒，操起一条碗口粗的木棒砸它，那东西竟然长大到把路给堵死了。这时，山中走出一位圣人，对海格力斯说："朋友，快别动它，忘了它，离开它远去吧！它叫仇恨袋，你不犯它，它便小如当初，你侵犯它，它就会膨胀起来，挡住你的路，与你敌对到底。"

　　忍让并不是不要尊严，而是成熟、冷静、理智、心胸豁达的表现，一时退让可以换来别人的感激和尊重，避免矛盾的加深，岂不更好。社会就像一张网，错综复杂，谁都会有与别人产生误会或摩擦的时候，善待恩怨，学会尊重你不喜欢的人，放下仇恨的袋子，你就会少一分怨恨，多一分快乐，才会赢得更多的尊重。

　　俗话说："阎王好惹，小鬼难缠"，越是有身份、有素养的人就越容易相处，与这类人之间的矛盾也就越容易化解。反而是那些喜欢吹牛、大言不惭和长于炫耀的"小鬼"，最喜欢恃强凌弱，总是试图通过打倒别人来表现自己的重要性，以示对"阎王"的忠心，反而表现出思想上的无知和行动上的无能。优秀的"阎王"，一定会有王者风范，有着适可而止的智慧，懂得和

为贵的重要，要的是高水准的自尊，追求的是品德上的出类拔萃，也总会在风云变幻时懂得三思，会摁住那些跃跃欲试张牙舞爪的"小鬼"，明白胸怀宽广、谦让待人才是博大，避免更多无意义的争执。

世上的事均有长有短、有利有弊、有胜有败，人们在处理争端与矛盾时，总是想着争取自己的利益，所以会出现一些无谓的争端。生活中出现这些状况都是难免的，又为何不多想一下：凡事让一步为高。那些邻里纷争，亲友反目，静下心来仔细想想，会觉得有点可笑甚至荒谬。难道你愿意成为旁观者斜眼笑谈的主角？各退一步，化干戈为玉帛，又何乐而不为呢？聪明的人，不会一味地争强好胜，在必要的时候，宁愿后退一步，避其锋芒。这么做不仅能赢得旁观者的尊重，更能赢得对手的尊重，你说，真正的胜利者是谁？仇恨和争吵只在一念之间，仇恨会掩盖一个人的品德，争吵只会损害一个人的形象。而退一步则是化解仇恨和怨愤的良方，也是体现其美德的方式。善待埋怨和仇恨，忍一时风平浪静，退一步海阔天空，这样的生活才会有滋有味。

掌握"退一步"的诀窍，会让你的生活更加如鱼得水。

心灵悄悄话
XIN LING QIAO QIAO HUA >>>

"退一步"代表的不是永远的落后。只有"退一步"之后，加以分析，也许会找到问题的答案，解决问题的办法就会一目了然。许多人以为在前进的过程中进比退重要，其实不然，适时"退一步"，就会发现其实自己前进得更快。

放下，是为了选择另一种生活

人们一直都在提倡做事要善始善终、坚持不懈、永不言弃。然而，随着生活环境的转变，人们的心境也开始变化，"放弃，也是一种选择"的观念已经位居榜首。一定有许多人感到不解，其实，只要人们学会发现该坚持什么，该放弃什么，就会发现放弃其实就是生活的另一种选择。

在印度洋一次罕见的海啸中，一位母亲的选择就让人们明白了该放弃时就放弃的道理。海啸突然来临时，一位母亲正带着两个孩子在近海地带游泳，这位母亲想救两个孩子，可当时的情况根本不允许，她只能选择一个。对一个母亲来说，这无疑是个痛苦的选择，最终，母亲心痛地放弃了大一点的孩子，抱着小孩逃过海啸。然后紧急通知救援人员去救她的大孩子。幸运的是，大孩子也救出来了，安然无恙！倘若那个母亲当时没有选择放弃，她可能谁也救不了，甚至自己也会遇难。

这个故事告诉了人们放弃的价值。也许在生活中人们已经养成了坚持到底的习惯，但绝对不是什么都该坚持，而是要根据自己的情况，放弃不必要的。放弃其实就是坚持的另一种选择。

成长过程中，你学会放弃了吗？如果没有，你很有可能就会成为那个抓着糖果哭泣的孩子。现实生活中有太多东西想要拥有，但由于不会放弃，什么都要争，事事都要坚持，反而什么也没得到。

其实人都会做出放弃的选择，比如孩子放弃了重点学校的牌子，却获得了在普通学校上学的好心态；家长放弃了赚钱多却忙碌的工作，获得了和家人相处的时间……世上的好东西就是这样，有舍才有得，不需要把一切尽收囊中。

人总会面临太多的诱惑，不懂得放弃只能在诱惑的旋涡中丧生；人生有太多的欲求，不懂得放弃就只能任由欲求牵着鼻子走；人生有太多的无奈，不懂得放弃就只能与忧愁相伴。当我们被生活的包袱压得直不起腰时，是否想过做出放下的选择呢？

要知道放下是避免让"一失足"铸成"千古恨"！

对于失足，人们最常从客观上找理由。古人经常归咎于上天不公或命运不济，现代人则常归之于运气不好，但这些多半是托词或借口。失足是痛苦的，但更痛苦的是失足之后的束手无策，是失足后的不能警醒。一个人失足多半是他自己造成的，至少可以说绝大多数的失足都与自己有关，与个性或失误有关。即使有种种客观因素存在，自己仍然不能推卸责任，起码是没有看清形势造成的。

《战国策》中云："圣人之制事也，转祸而为福，因败而为功。"失足既可以成为埋葬一切的坟墓，也可以成为"而今迈步从头越"的起点，关键就在于你是否能够放下失足所造成的不良结果。只要学会放下，失足将不再是你成功的障碍；学会放下失足造成的失败，变换一下方向，就有理由重新开始。

然而，人们大多不能正视失足，找不出失足的真正原因。其实失足并不可怕，跌倒了爬起来就是。怕的是被失足打倒；怕的是一朝被蛇咬，十年怕井绳；怕的是千方百计推卸责任，不能很好地反思总结失足的教训。

因此，面对失足我们该做些什么，就成了失足后最应考虑的问题。最简单、最正确的办法就是勇于正视失足，找出失足的原因，加以改正后，学会把失足放下，用正确的心态树立重获新生的信心。

英国著名哲学家弗朗西斯·培根在詹姆斯一世统治时期，可谓是官运亨通，青云直上，很是风光。曾先后数次担任宫廷显要职务，很得国王赏识，连续多次被授予贵族封号。可正当他春风得意之时，1621 年他因贪污受贿罪，被英国高级法庭判处罚金 4 万英镑，并监禁于伦敦塔内，出狱后，他被逐出朝廷，不得再担任任何官职，不得参与议会。

培根脱离政治生涯后，开始专心著述，先后提出了具有开创意义的经验认识原则和经验认识方法，还相继提出了"要命令自然，就要服从自然"

"知识就是力量"等一系列对后人影响深远的至理名言。在其作品中，他把矛头直接指向经院哲学，在反对经院哲学的斗争中，他建立了唯物主义经验论，认为感性认识与理性认识的结合是非常重要的，从而成为归纳法的创始人。

失足让培根成就了非凡的业绩，成为英国唯物主义和现代实验科学的鼻祖，对人类哲学、科学乃至思想作出了非常重要的具有历史意义的贡献，并成为英国 17 世纪伟大的唯物主义哲学家，世界哲学史和科学史上具有划时代意义的人物。正是这次遭遇，让培根最大限度地开发了自己的另一面，成了在人类思想史上占有重要地位的一代巨人。如果没有这次经历，培根或许会在高官厚禄中终其一生，而我们将永远都不会有机会和理由去记住在 17 世纪的欧洲，曾有过一位叫培根的显要人物。

人生注定要承载太多的不尽人意，既然如此，为什么不学着放下？过去的已经无法改变，放不下过去，你又如何去开拓未来？从这个意义上说，放下就是生活的一种技巧，也是生活对自己最大的呵护。要知道一个能够在逆境中微笑的人，要比一个面临艰难困苦就崩溃的人伟大得多。

把悔恨变为前进的动力，努力改正所犯的错误，弥补错误造成的损失；放下心理的障碍，开阔胸怀，走出自我封闭的状态；主动敞开心扉，倾听人们善意的劝告，让亲朋好友帮助找出自身的缺点与不足，放下成见，用平常的心态去面对一切，你就会找回因为失足而丢失掉的自信，提出更高的目标。失足之后重新再来，这就是放下的力量。

心灵悄悄话
XIN LING QIAO QIAO HUA >>>

及时放下，放下合理得当，果断放下，明天你的太阳会在明朗的天空中蓬勃地升起；明天你的人生花园就有了目标明确的人生规划。放弃，其实是新的开始，更是一种选择。

生活的美好就在放下后

古时候有这么一则寓言故事:一个人在荒野碰到了一只老虎,于是他拼命逃跑,那只老虎对他紧追不舍。在跑到一处悬崖时,他双手抓着一根野藤,全身悬在半空中摇荡。

他抬头仰望,只见那只老虎仍在向他怒吼,而向下看去,却又见另一只老虎也张开血盆大口等着他。而他只有一根枯藤赖以维系生命。此时,又有两只老鼠在上面啃噬枯藤。

但他却忽然看到附近有颗鲜美的草莓,于是他一手攀藤,一手将草莓送入口中:味道好美呀!

生活中,很多人都有机会去品尝"草莓"的美好味道,却很少有人能够真正品尝到,因为人们的眼里只看得见凶猛的"老虎"和狡猾的"老鼠",对近在咫尺的草莓却往往视而不见。

如果放下对"老虎"的恐惧,对"老鼠"的仇恨,你就能随手摘到草莓,就能体会到放下后生活的美好。

大多数人都以为幸福取决于周围的环境,而不在于自己。

这类人十分在意别人的评价,其心理上的包袱自然也在评价中增加,本来美好的生活也感觉不到美好。

品味生活是每个人都想做到的,但却总是在无形中给自己加上沉重的包袱。改变生活现状是必然的,但若放不下心里无形的包袱,将沉重一直负于肩上,又怎能如鱼儿在水中优哉,怎么能轻松地品味生活?

在升学压力、就业压力、工作压力、竞争压力日益突出的今天,"进行心理减压,放下思想包袱,轻装上阵"已经成为人们追求美好生活的必要条件。

要知道实力的"灵魂"，总是在减"的过程中展现。而成功的奇迹，也往往会在"放"的不经意间发生。

一对以捡废品为生的夫妇，每天早起到处捡拾破铜烂铁，直到太阳下山时才回家。

他们总是习惯在院子里摆上一盆水，搬一个凳子，把双脚浸在盆中，然后拉弦唱歌，唱到月正当空，浑身凉爽的时候才进屋睡觉，日子过得逍遥自在。

这对夫妇的对面住的是一位很富有的员外。员外每天坐在桌前算着哪家的租金还没收，哪家还欠账，感到有许多烦恼。

他看对面的夫妻每天快快乐乐地出门，晚上轻轻松松地唱歌，非常羡慕也非常奇怪，于是问伙计说："为什么我这么有钱却不快乐，那对穷夫妻却如此快乐呢？"伙计听了就问员外说："员外，想要他们忧愁吗？"

员外回答道："我看他们不会忧愁的。"伙计说："只要你给我一贯钱，我把钱送到他家，保证他们明天不会拉弦唱歌。"员外说："给他钱他一定会更快乐，怎么说不会再唱歌了呢？"伙计说："你尽管给他钱就是了。"

员外果真让伙计送了一贯钱到穷人家。这对夫妻拿到钱后开始烦恼，整晚都在为这贯钱操心，一会儿躺上床，一会儿又爬起来，整夜反复折腾，无法成眠。

妻子看到丈夫坐立不安，也开始烦躁起来："现在你有钱了，又在烦恼什么呢？"丈夫说："有了这些钱，我们该怎样处理呢？放在家中又怕丢，现在我满脑子都是烦恼。"

隔天一早他把钱带出门，在街上绕来绕去却不知要做什么好，直到太阳下山。回家后，他对妻子说："这些钱说少不少，说多又做不了大生意，真是伤脑筋啊！"那天晚上员外果然听不到拉弦和唱歌了，就去询问怎么回事。

这对夫妻说："员外啊！我看还是把钱还给你好了。我宁可每天一大早出去捡破烂，也比有了这些钱轻松啊！"员外恍然大悟，原来，有钱不知布施，也是一种负担。

放下——人生百态总相宜

现今社会，人人都在拼力追求财富，却不知财富恰是最大的包袱。谁都会遇到困难和困惑，但人的心力有限，如若不能承受困难和困惑，还不如适时地放下包袱，放下功名的羁绊，放下昔日的喧嚣，获得生活的恬静，有了"采菊东篱下，悠然见南山"的逸致，有了"此中有真意，欲辩已忘言"的闲适，用轻盈、纯粹的心去感受生活。你才能体会到生活的美好。

心灵悄悄话
XIN LING QIAO QIAO HUA >>>

不要在乎曾经的拥有，忘掉昨日的忧伤，让今天成为你的新起点。把轻松还给生活，让心灵回归宁静，认真地品味到生活的美好。

第三篇 >>>

会选择，勿迷茫

选择放下无疑是痛苦的，但是人们必须要面对。当选择来临的时候，要敢于放下方能成为真英雄。但选择的时间是有限制的，一旦犹豫，就会错过最佳时机，鱼和熊掌不可兼得，与其抱守残缺，不如断然放下，学会放下，心灵才能释荷。只有放下，人生才能洒脱。

"放不下"的另一阻碍是想承受一切。生活中总有这样一些人，他们认为，能够承受一切才表明自己非常强大。因此，他们对人对事的态度和方式是：我能承受……幸福也因此离他远去。

勇于放下，你才会成为真英雄

选择永远是艰难的，面对选择能够做出放弃决定的人，不管是出于无奈还是主动，都表明他是明白事情轻重缓急、明白面对大是大非该如何抉择的人。这样的人，可以说是值得别人敬佩的。

面临选择的时候，很多人都不知道自己应该怎么去做，于是在迟疑中失去了选择的最佳机会，不仅熊掌没有得到，就是鱼也溜走了。因此，面对选择，要果断放弃一方，这样即使到最后，当你发现自己手中并非握有熊掌而是鱼的时候，也不用觉得后悔，因为你至少有收获，而不是两手空空。人们面对的选择纷纷扰扰，如同乱花一般迷人眼，但应该就像是佛法中所说的那样："弱水三千，只取一瓢饮。"

佛祖在菩提树下问一个中年人："在世俗的人们看来，你有钱、有权、有势、又有一个疼爱你的妻子，你的生活应该是一流的才对，为什么你现在还这么不快乐呢？"那个人回答佛祖说："正是因为这样，我才不知道应该如何取舍，放弃其中的哪一个。"

佛祖一笑，给那个人讲了一个故事。有一天，一个游客在沙漠里旅行，他已经好几天没有喝到水了，很快便会因为缺水而亡。佛祖看到了，怜悯这个游客，将一片绿洲置身于此人面前，但此人虽然口渴至极，却依然滴水未进。佛祖感到很奇怪，问这个游客原因，游客回答道："这片绿洲的水这么多，而我的肚子那么小，怎么能够一口气将它喝完呢？既然如此，那么还不如一口都不喝呢。"佛祖听后，对那个游客说："你记住，你的一生中会出现很多美好的东西，但是只要你能够用心把握住其中一样就足够了：弱水三千，只取一瓢饮。"

其实一个人的一生中真正需要用到的东西并不多，就算一个人拥有再多的荣华富贵、再高的权力地位，到头来，也不过是一日三餐，占据一床之地，最后终归逃脱不了入土为安的结局。人生，一个知己，一个温馨的家，一个健康的身体，都能让人们觉得满足。因此，放弃一些自己并不需要的东西，反而能够让人更好地活在当下，把握当下。

很多人害怕放弃他们所拥有的，即使那些东西并不属于他们，但是在潜意识里，他们认为这些东西就是自己的，因此，他们不敢将那些东西放弃，任由这样的忧虑侵蚀自己，让自己日夜难安。其实放弃并不是一件很困难的事情，它只需要你勇敢一点点，能够忍受住失去时候的小小痛苦，当你真正放弃后，你会发现其实痛苦并没有你想象中那么巨大。

生活中很多事情都是被选择的结果，每一个被选择了的事情，它的反面一定是有着一个或者几个放弃。比如说，每一个学生在毕业后都会面临着是工作、继续深造、出国留学，还是到西部支教做个志愿者等选择。在这些选择里，你必然只能选择其中一条路，同样地，你也必然放弃了其他几条路。可以说，只有你放弃了那几条路，你才能继续向前走，才能创造出自己的价值。但是，如果在选择面前裹足不前，则是在白白浪费时间。

每个人都希望成为一个大英雄，成为对社会、对世界具有影响力的人。就像是比尔·盖茨那样，在大学期间他选择放弃学业，创建微软，于是他成就了今天的软件王国，影响了全球计算机行业的发展。

2008 年 5 月 12 日 14 时 28 分，四川汶川、北川爆发大地震，这是新中国成立以来破坏性最强、波及范围达到 50 万平方千米的一次大地震，这次地震遇难人数达 69 142 人，失踪 17 551 人。

2010 年 4 月 14 日晨，青海省玉树市发生两次地震，最高震级达 7.1级，在这次地震中，3698 人遇难，270 人失踪。在这两次特大灾难中，涌现出许多普通人通过放弃自己的利益来帮助他人的英雄事迹。

首先就是我们最可爱的人——中国人民解放军，他们是第一时间冲到受灾地区进行救援的，同时又是最后离开的。这些解放军大多数都是 20岁左右的年轻人，他们为了履行自己的义务，放弃了享受自由、安逸的生

活，来到军队。在国家遇到危险及灾害的时候，他们永远是第一个冲在前面的人。像这次的汶川地震、玉树地震，他们便是战斗在最前方的主力，默默地进行挖掘救人工作，在山体断层不稳定、可能会带来生命危险的情况下，他们为汶川、玉树等受灾地区清出一条条生命之路，他们用自己的双手，救出了一个又一个被掩埋在废墟下的人。而当他们累了的时候，就原地休息一会儿，马上又冲到前方继续紧张的营救工作；困了，就席地而睡，将他们的铁锹当成枕头。可以说，正是因为他们无私地放弃自己的休息、自己的自由，才有了那么多生命被及时抢救出来。

还有许多在灾区忙碌的白衣天使，他们凭借精湛的医术、丰富的经验，挽救了一个又一个濒临死亡的人的生命。他们中的很多人放弃了自己的休假，放弃和家人团聚的时间，是专门和自己医院的领导请假，受到医院大力支持后，赶到这里为灾区人们服务的。明知震后的灾区环境极度不稳定，他们却毅然选择前往，为了能让更多的受难者早日得到医治，他们放弃了自己的个人安危，此时，有谁能说他们不是天使呢？如果没有这些医生和护士的帮助，那些被救出来的人，也会有许多因为感染而死亡；如果没有医生的帮助，受灾地区很容易出现瘟疫，使得灾区的情况雪上加霜。可以说，正是由于这些医护工作者的无私放弃，才拯救了如此多的受难者，让他们脱离了生命危险，脱离了伤病的困扰。因此，又怎么能说他们的放弃不是一种勇敢的选择呢？

此外，那些前来贡献自己力量的志愿者自然是不能被忘记的。他们有的是学生，有的是公司职员，还有的是退休的大爷大妈。他们得知灾区的情况后，都在第一时间前往受灾地区，希望能够为灾区人民贡献自己的绵薄之力。比如，唐山的 13 位农民，或许是因为唐山同样也经历过大地震，他们在 5 月 12 日下午，即汶川地震发生后，几经辗转来到了灾情最严重的北川，成为最早进入北川的志愿者。他们与解放军、武警战士一起，用最原始的铁锤砸、钢钎撬、徒手挖的办法，抢救出 25 名地震幸存者，挖出了近 60 名遇难者的遗体。

还有国内外千千万万关注着受灾地区的人们，尽管他们因为这样那样的原因，无法到达灾区亲手实施援助，但是他们却通过多种途径为灾区贡献自己的力量，捐衣赠粮。

因此，即使你只是一个普通人，手里既没有千万家财，也没有多大的权力可以翻云覆雨，但是你依然可以成为英雄，因为你的勇敢使得你能够走出困境、打击恶势力、与不公作斗争。

心灵悄悄话
XIN LING QIAO QIAO HUA >>>

或许，许多人放下一件美好可惜的事情或东西时，都没有想到他们那样的选择会产生如此巨大的影响，但只要你是个有目标、有理想、有志气的人，只要觉得正确的，就勇敢地放下，也许这个不起眼地放下造就了一个哪怕是自我世界里的英雄。

缺憾也是一种完美

人生不会有绝对的完美存在，或者说人生从来没有完美过，也正是因为人生的不完美，所以才显出人生的多姿多彩、悲欢离合，才会有这么多感人的故事发生。

在佛教中，这个世界被称为是一个"婆娑世界"，意思就是这是一个能够忍耐许多缺憾的世界。在人的世界里，不完美才是完美，如果完美，便成了真的缺憾。

从前有一个圆，它的一个边破损了，因此，它总是想找到那个不知道掉落在哪里的碎片，因为它觉得自己现在这个样子非常丑陋，总想变回从前那个漂亮的圆。因为它缺少了一边，所以滚动得十分缓慢，但是它却因此享受到花开的芳香、听到了鸟儿的歌唱、看到了四季的美丽变化、与虫子交谈。在寻找的过程中，它找到了许多不同形状的碎片，但是都不是它的。有一天，这个破损的圆终于找到了它丢失的碎片，终于实现了自己的愿望，成为一个完整的圆。只是，当它成为一个圆的时候，它却滚动得太快了，它再也无法闻到花开的芳香、无法悠闲地聆听鸟儿的歌唱，当它意识到它失去了这一切的美好的时候，它果断地舍弃了自己历经千辛万苦才找回的碎片。

人生就是这样，就像是那个圆一样，有缺憾才能领略到美丽的风景，一旦变成了一个圆，就会发现自己因为滚动得过快而失去了过往那份闲适。可以说，缺憾实际上是完美的另一种体现。在生活中，人们没有必要因为缺憾感到可惜与忧愁，而是应该积极地面对人生、面对生活。因为缺憾可以让人们看到人生的另一面，看到另一个美景，这样人们才会发现，正是由

于缺憾人们的生活才变得完美,而没有缺憾的人生是乏味的、无趣的,只有有缺憾的人生才能带给人们历久弥新的感动。就像是断臂的维纳斯能够成为影响至今的伟大雕塑一样,正是因为她的不完美,所以才让人感觉到这尊有残缺的雕塑是从古至今任何一座维纳斯都无法超越的。

断臂的维纳斯雕像是一位希腊农民伊奥尔科斯在1820年刨地的时候发现的。据说这座雕像出土的时候,是有双臂的。出土时的维纳斯右臂下垂,手扶衣襟,左手上臂高举过头,手里握着一只苹果。伊奥尔科斯挖出了这尊维纳斯雕像的消息传出后,当时法国驻希腊米洛领事路易斯·布勒斯特立刻赶往伊奥尔科斯的住处,在观看过这尊雕像后,他当即表示要以高价购买这座雕像,面对重金,伊奥尔科斯毫不犹豫地答应了他的要求,但是由于布勒斯特来得十分匆忙,因此他并没有带着足够的现金,无奈之下,只能派自己的随从居维尔连夜赶往君士坦丁堡向法国大使报告,并申请一笔巨款用于购买维纳斯雕像。大使听完居维尔的报告后,立刻命令秘书带一笔巨款随着居维尔连夜前往米洛伊奥尔科斯的住处收购维纳斯雕像。但是到了那里,才知道伊奥尔科斯已经将雕像卖给一位希腊商人,此时雕像已经装船准备外运。居维尔得知后当即决定武力夺取维纳斯雕像,绝对不能让雕像落入其他人手中。当英国得知这一消息后,也派舰艇前来加入这场争夺战,至此双方展开了激烈的战斗。在战斗当中,维纳斯的双臂不幸被砸断,从此,维纳斯成了一个断臂女神,也正是因为维纳斯这样的残缺美感,才引得世人对她的手臂姿势产生种种遐想。维纳斯这样的缺憾,反而铸就了她的完美。

但近几年来有传闻说维纳斯之所以没有双臂,是因为维纳斯的断臂是一双"男人手",而且是一双像水管工人一样的手,所以维纳斯的作者才故意将其双臂断掉。据资料显示,2003年8月5日,断臂了180多年的维纳斯的神秘双臂终于被找到了。人们猜测了很久的双臂据说是在克罗地亚南部的一个地窖中找到的,直到今日,这双断臂才重见天日。但是当人们见到了期待许久的断臂的时候,却纷纷大感失望,因为近乎完美的维纳斯的双臂居然长着一双"男人手",而且这双"男人手"很像一名水管工人的

手。人们无法相信这个事实，认为这一定是个恶作剧，于是人们将这双断臂火速送往巴黎的卢浮宫，当这双断臂与维纳斯的雕塑拼在一起的时候，却是十分吻合。随后，卢浮宫管理员又做了碳同位素的测定，确定了双臂上的物质与维纳斯雕塑上的物质时间吻合、原料吻合，甚至里面的小分子都十分吻合。这样的结果在艺术界掀起轩然大波，丝毫不亚于 8 级大地震。人们无法相信，完美的维纳斯居然长着这样一双手。多年以来，许多的艺术家为维纳斯想了不同的断臂姿态——手举苹果、灯、衣服或者是手指指向各个方向等。但是经过多次的讨论协商后，人们发现，如果将手接上，维纳斯就不再是一件艺术品，而是一个普通的雕塑。因此，人们猜想正是由于这双畸形的手臂令人感觉不舒服，所以维纳斯的作者才会将它们从雕塑上取下来，才造就了这样一个完美的断臂维纳斯。

可以说如果当时维纳斯的双臂没有断掉，那么它就不可能成为一个经典的雕塑，成为完美的代表。正是由于人们没有固执地一定要维纳斯的身形保持完整，将各种各样的手臂安在维纳斯的身上，而是果断放弃了那些看似美好的愿望，才使得维纳斯的断臂至今仍然带给人们无限的遐想。

人生正如同维纳斯雕像一般，正是因为有许多不完美的地方，有这样或者那样的缺憾，所以才会显出珍贵。也正是因为有缺憾，才能更加凸显出另一种完美。因此，放弃事事追求完美的想法，你会发现缺憾实际上也是一种完美。

心灵悄悄话
XIN LING QIAO QIAO HUA >>>

过去的一切只能代表过去，未来对于每个人来说，都是一张白纸，如何书写，还得看我们自己。人生就是如此，在痛苦的时候也要潇洒地整理好衣襟，抬头向前。这是人学会告别过去的一个方法，如果我们老是停留在原来的位置，过去的烦恼就会一直困扰着我们，成为前进的绊脚石。

始于"放下",终于"快乐"

何为快乐？快乐其实是一种心境，一种柳暗花明的豁然开朗，一种重负顿释的轻松惬意，一种拨开云雾见朝阳的惊喜，一种洞悉人生真谛的大智慧。

每个人的心灵深处，都有一块属于自己的纯洁圣地，快乐就隐居于此，她操纵我们的心情：时而像晴空中的白云般悠然自得，时而又像雨后的彩虹般绚丽夺目，时而感受春风送来的问候，时而享受白雪皑皑的宁静。

然而，身居闹市的我们越来越发现：心情变得难以驾驭，承载她的圣地正渐渐脱离我们的身体，离我们越来越远……取而代之的是陷入名缰利索、你争我夺的境地。我们肩负着不断追求名与利的累，不停描绘着自以为前程似锦的美好蓝图。我们就这样在名利的诱惑下，在世俗的旋涡中挣扎，越陷越深……

有一个富翁背着许多金银财宝去寻找快乐，可是走遍千山万水也未找到，于是沮丧地坐在山道旁。这时，一位农夫背着一大捆柴草从山上下来。富翁说："我是个令人羡慕的富翁，为何就没有快乐呢？"农夫放下沉甸甸的柴草，舒心地擦着汗水说："快乐也很简单，放下就是快乐呀！"富翁恍然大悟：是啊，背着沉重的珠宝，既怕偷又怕抢，还怕被人谋财害命，整天提心吊胆，快乐从何而来？于是，富翁放下财宝，并用它接济当地的穷人。从此，富翁不再担惊受怕，忧心忡忡，反而因为帮助别人，得到了人们的感激和爱戴，也因此快乐起来。

放下压力，活得轻松；放下烦恼，活得幸福；放下自卑，活得自信；放下懒惰，活得充实；放下消极，活得成功；放下抱怨，活得舒坦；放下犹豫，活得

潇洒；放下狭隘，活得自在……

人活着就是为了活得幸福，不一定要辉煌，不一定有地位，却一定要有"放下"的智慧，让心灵释荷。放下曾经的辉煌和昔日的苦难，放下对旧日恋情的回忆，卸下所有束缚我们前行的包袱，人生最大的幸福就是放下。

放下即快乐，这对每个人都适用。生活富裕了，但压力越来越大；收入增加了，快乐却越来越少。其实压力的大小，主要取决于心态。快不快乐，要看你是否学会了放下。放下，是一种生活的智慧；放下，是一门心灵的学问。

在物欲横流的今天，忙碌的脚步使人失去了沉静的本能。数字划分了人的等次，打破了平衡的宁静。人们躁动不安，努力寻求提升等次的机会。不择手段，甚至踩着别人的肩膀向上，人们变得几乎疯狂。谎言被人崇拜，实话被人遗忘。

有这样一个故事。

有一天，无德禅师正在院子里锄草，迎面走来三位信徒向他施礼，说道："人们都说佛教能够化解痛苦，但我们信佛多年，却并不觉得快乐，这是怎么回事呢？"

无德禅师放下锄头，安详地看着他们，说："想快乐并不难，首先要弄明白人为什么活着。"

三位信徒你看看我，我看看你，都没料到无德禅师会问他们这个问题。

过了片刻，甲说："死亡太可怕了，所以才要活着。"

乙说："我现在拼命劳动，就是为了老的时候能够享受到粮食满仓、子孙满堂的生活。"

丙说："我可没你那么高的奢望。我必须活着，否则一家老小靠谁养活呢？"

无德禅师笑着说："怪不得你们不快乐，你们想到的只有年老和死亡、被迫劳作。没有理想、信念和责任的生活当然会很痛苦。"

信徒们不以为然地说："理想、信念和责任，说说倒行，总不能当饭吃吧！"无德禅师说："那你们说拥有什么才会快乐呢？"

甲说："有了名誉，就有一切，就能快乐。"

乙说:"有了爱情,才能快乐。"

丙说:"有了金钱,就能快乐。"

无德禅师说:"那我问你们,为什么有的人有了名誉却很烦恼,有了爱情却很痛苦,有了金钱却很忧虑呢?"信徒们无言以对。

理想、信念和责任并不是空洞的,而是体现在每时每刻的生活中。必须改变生活的观念与态度,生活本身才能有所变化。名誉要服务于大众,才有快乐;爱情要奉献于他人,才有意义;金钱要布施于穷人(需要帮助的人),才有价值。这才是真正快乐的生活。

自古以来,"放下"就是一个人们不断探讨的哲理问题。一个永远不想放下的人,是沉重的,人生不能承受过多的重量,放不下的人,人生也很难有新的收获和体验。"放下"是一种心态。

人总是喜欢往高处去,却忘了"高处不胜寒"的道理。有时你也应该在高处低下头,给自己一次俯视的机会。约束自己,满足于简单的生活,才会有好心情。快乐有限,精彩有限,生命亦有限。那些喜怒哀愁,转身就会如烟花般消散。别让自己像个赌徒,用青春作赌金,肆意挥霍,最后剩下郁闷伴随人生。

"放下"并不意味着放弃。放弃是绝对的,放下是相对的。

放下是为了更好地进取,当你放下自我,舍弃已经拥有的,就会获得新的充实,品味到收获的喜悦,体会到创造的荣耀……你将得到的是对生命真谛的理解。当然,这些只有在放下的同时付出加倍的努力,才能成为现实。

"放下"指的是平淡的心境。

心灵经过晨钟暮鼓的洗涤,你会慢慢发现,曾以为放不下的东西已经在不经意间遗忘。一切始于此,又终于此。不要烦恼时光的循环不变,因为日月就是经由这样的交替来变更年轮;不要埋怨岁月的反复无常,因为真正无常的是被五彩缤纷所烦扰的心。以淡泊之心处世,才能真正做到放下。

说到底,人生的兴奋与苦恼无非就是衣食住行、功名利禄,欲望使人受折磨,总想找到一个出口,然而却不断迷路。偶尔兴奋也只是小人得志的

浅薄，欢笑之后的痛苦只有自己品尝。当你舍弃浮华，放下包袱，轻松上路时，才会感到从未有过的开心与自在，这就是简单与质朴的生活，每一个人都应该好好享受。

心灵悄悄话
XIN LING QIAO QIAO HUA >>>

远离世俗和忧愁，尊重那些与平凡日子相守的人，原谅那些随波逐流的人，理解与自己格格不入的人吧！在历史的长河中人人都是过客，别让阴霾遮住心的灿烂。

学会放下,让心灵释荷

人生在世,有些事不必在乎,有些东西必须放下。该放就放,这样你才能够腾出手来,抓住真正属于你的快乐和幸福!

人生万象,快乐无处不在。烦心事人人有,事情办好是快乐;办不好,能随遇而安,也是一种快乐。身体的劳累可以用休息来缓解,心灵的疲惫却难以消除,所以要努力学会放下。只有放下才能找回真实、简单、轻松、快乐的自我。

有一个人不堪忍受生活的重负,没有丝毫的快乐可言。于是,他去请教一位德高望重的哲人。哲人把一只竹篓放在他的肩上,说:"你背着它上路吧,每走一步就从路边捡一块石头放在里边,看看有什么感受。"那个人虽然大惑不解,可还是按哲人说的办了。刚走几百步,他就感到不堪重负,因为竹篓里已经装满了沉重的石头。

"知道你为什么不快乐吗?因为你背负的东西太沉重,已经把快乐压抑殆尽了。"哲人从竹篓里一块一块地取出石头说,这块是功名,这块是利禄,这块是小肚鸡肠,这块是斤斤计较……当大半篓石头被扔掉后,那个人再次背起竹篓走起路来,感到了从未有过的轻松。

生活原本有许多快乐,只因常常自找烦恼而平添了许多愁。一边在努力地追逐快乐,一边又放不下心中的累赘,把不该看重的事情看得太重,总想放下些什么却总也放不下。每日在尘世穿梭,忙着经营自己的世界,对工作、生活、朋友、亲人们的期望值不断升高,到头来却什么也没改变,什么也没有得到。想想这样是多么的幼稚与浅薄。

放下就是快乐,所以要看得开、放得下。总把不如意的事记在心里,只

会更加不开心。对不快乐的事情应坦然面对，波澜不惊；工作生活中的琐事，该放手就放手；恩怨情仇，无须纠缠，否则只会平添无谓的烦恼。想开了，刹那间就会感到莫名轻松，如释重负，多少天来的苦闷和烦恼，失落和渺茫，一下子烟消云散。走出困境，一切是那么的轻松美好。

时下，许多人沉醉于对名利的追求，对金钱的角逐，何谈快乐？为了一丁点利益，就与昔日的好友反目成仇，快乐从何而来？心事重重，拿不起，放不下，快乐又在哪里？小肚鸡肠，斤斤计较，快乐又何处去寻？

生活就像一只竹篓，之所以感到背负沉重，感到不快乐，其实是作茧自缚，自找的功名利禄的重负。如果舍得将这些东西抛弃，化繁为简，快乐自然会到来。

过得简单才能获得快乐。生活虽然需要经营，但是，挖空心思、处心积虑最终只会落得个"机关算尽太聪明，反误了卿卿性命"的境地。我们无以应对纷繁的世界，却可以把握自己的心态。

人以大哭作为来到这个世界的开始，为什么？因为他不快乐。有些人可能认为有了钱和事业就快乐了，这也不绝对，有了钱可能会有一时的高兴，但那是用痛苦换来的，这已脱离了快乐的轨道。

快乐本身是自由的，做任何事都要在你能承受的范围内，不要勉强，不要追求极致。当然，凡事细心是好事。可是过于小心，就会造成思维局限。把简单的事复杂化，最大的损失就是自己会因琐事而疲惫。一个人的时间与精力是有限的，当思维陷入琐事的泥潭，必然会失去许多洒脱与快乐。

很多事太在意也没用，不如转身离去，继续自己该做的事。

有这样一则广告：把简单的东西复杂化——太累，把复杂的东西简单化——贡献。简单并不意味着人性幼稚、无知，相反，是一种超凡脱俗的大智若愚，就算身处纷乱复杂之境，也能体验到"众人皆醉我独醒"的洒脱与淡然。复杂不意味着其人就高深莫测，反而让人感觉云里雾里、模棱两可。以如此复杂的姿态存在，于人于己都是一种累赘。

人们常说出家人有着看破红尘、与世无争、四大皆空的消极心理。其实并不是这样，他们是大彻大悟，把人生中毫无实质或附属性的东西看淡，追求灵魂深处的本质超然与快乐。尘世间人性的欲望与名利，在生命画上句号的刹那，皆如浮云随风而去不留一丝痕迹。我们苦苦追逐的东西，不

外乎是希望活得开心快乐。可快乐到底是什么呢？不仅仅只是名利、物质、地位的获得，而是这种感受是否真正让自己愉悦与轻松。

有人说：禅的最高境界，其实就是一个"淡"字。淡者，即淡然、简单也。用简单的眼光去对待世事，怀淡然的心态去把握与追求，世事便因此多了一份美丽与快乐，如此，何乐而不为呢？

心灵悄悄话
XIN LING QIAO QIAO HUA >>>

一花一世界，一叶一春秋，一沙一天堂，一水一桃源。放下一切，潇潇洒洒，坦坦荡荡，真真切切，从从容容。历经沧海桑田，终得返璞归真。"快乐地经历风雨，轻松地面对人生的起伏"，才是最精彩的人生状态。

舍小得大

编程界有一句名言："过早的优化是一切麻烦的根源。"所以，虽然细节决定成败，但过于看重细枝末节则会捡了芝麻丢西瓜。有时，不舍得放弃，往往会因小失大。

不要总是把杯子里装满水，有时要保持一种"空杯心态"。只有倒出杯中的水，才能装进新的水，才不会让原来杯中的水发臭。

身处困境时，要采取积极主动的态度。审时度势，放下不如意的，去争取更多、更好的生存和发展空间，轻松愉快地过好每一天，让事业和家庭得到更快的发展和更圆满的幸福。眼前的不如意永远都是短暂的，放弃也许能换来更广阔的人生天地。

从前，晋国想攻打小国虢，而进攻虢必须经过虞国。因此，晋王赠给虞国国王很多宝物与骏马，要求虞王让晋国军队通过虞国，使他们能顺利攻打虢国。虞国一位大臣极力反对借路给晋国。他说："我国与虢国关系十分密切，如果借路给晋国，那么虢国灭亡之时也将是我国灭亡之日。请陛下立刻拒绝他们的礼物。"

但是，看着眼前耀眼的宝石和美丽的骏马，国王早已心花怒放，听不进一句忠告，马上下旨借道给晋国。结果正如大臣所说，晋军灭了虢后，便回师攻破虞国，得到了更多的宝石和骏马。

贪心的国王因眼前小利而不考虑后果，终至亡国。也许有人会取笑虞王的愚蠢。在该舍时不舍，结果因小失大。所以，在这种情况下，必须要忍痛割爱，放下欲望，以达平静。舍小见大，放下才能超越。

人生中，必要的放弃不是失败，而是智慧；必要的放弃不是削减，而是

升华。同样的道理，放到职业生涯中，也体现得淋漓尽致。很多时候，由于贪多求全，面面俱到，不及时放弃，最终吃了大亏。不懂得放弃的人的内心有错误的贪婪的思想——我全都要！结果事与愿违，想要的得不到，不要的全来了。

人生路上你应永远向前看，身后的足迹就让它留在身后吧，前进才是可取的人生态度。人生旅途中经历过的种种，既有可能成为你的动力，也可能成为绊脚石，这取决于个人观念。

有太多不会放弃的人，总给自己背上很多沉重的包袱，甚至是愚蠢的负担。比如那些式样过时，穿上使人感觉很不舒服的旧衣服，许多人却不舍得扔掉，让它们占据着本就拥挤的空间，还要时常收拾整理，既费时又费力；还有很多自己不喜欢的照片，从来不想着把它们销毁，日积月累地收藏在影集里，看一次别扭一次；还有很多从来也用不上，也没什么纪念意义的东西等等。

歌唱家帕瓦罗蒂在回顾自己的成功之路时，这样说过："选择和放弃是一件痛苦的事，但却是成功的前提。"是的，有时刻意地追求，得到的却是相反的结果。就像人们总喜欢追求完美，结果却把事情弄得不可收拾。不懂得放弃的人，常会因小失大。舍得舍得，不舍哪有得。

选择与放弃是最难以决定的事，要注意不能因小失大，要做到舍小求大。千万不要害怕放弃，成功也罢，失败也罢，都需要松手放下。松开手，放下失败，敢于重新再来，就会迎来人生最大的超越。

心灵悄悄话
XIN LING QIAO QIAO HUA >>>

只要你心无挂碍，什么都看得开、放得下；只要你懂得珍惜现在，多些成熟，少些烦恼，多点深思熟虑，少点后悔遗憾；只要你在人生的追求中能多一分淡泊，少一分名利，多一分真情，少一分世俗；只要你抛弃一些尘世的烦扰，留一分宽阔的空间给心灵安个家：放下你该放手的东西，你便会拥有快乐的人生！

有一种洒脱叫放下

孔明说过："非淡泊无以明志，非宁静无以致远。"人在社会中，有很多时候都会身不由己。尽管忙碌使我们愉快充实，但终日的忙碌会让人的心灵疲惫不堪，为了不让自己生活在压力之下，就该试着去放弃，给自己一份洒脱。

洒脱，是在痛苦之后的平静，是苦涩中的一丝甜蜜。只有适时放弃，拥有洒脱，我们才能拥有与天地一样广阔包容的襟怀。

人生路上，谁都会面临挫折和失败，谁都会有不如意；茫茫人海，谁都会遇到不该遇到的人和事。

只有用洒脱的心态面对，才能备感轻松，才能把心放宽，用坚强去战胜眼前的困难，只有学会洒脱地放弃那些本不属于自己的东西，才能把伤痛和哀怨化作前进的动力，用一颗开朗的心去迎接痛苦后的新生！

人生在世，不可能样样都拥有，就如鱼和熊掌不可兼得。许多人感到郁闷，是因为他们不能动手清扫自己的心灵，才会有很多纠结的痛苦，甚至陷于无法自拔的困境中。想要获得豁然开朗的心境，就应该放弃那些不属于自己的东西，坚决不去想那些东西。

丢失的东西不必心疼，过去的不愉快切勿时时挂记。总之，坚决弃掉该放弃的，才能使一颗心永葆明净、无尘，才能在人生的道路上走得洒脱。

古人云："不以物喜，不以己悲。"这就是放弃的真谛，也是洒脱的写照，只有具备了这样的心境，才是真正的洒脱。

纵观古今，李白放弃了权力和富贵，取而代之的是逍遥自在，是名垂千古的"诗仙"殊荣；陶渊明因为放弃，有了在落英缤纷、鸟语花香的世外桃源里优哉游哉的田园生活。

人生在世，就要学会放弃，让心灵得到净化，剔除生活中的糟粕，让每

一天都有质有量,充满灵气,不为已放弃的东西感到惋惜与心疼,这样的洒脱才能使人时刻保持开阔的心胸。

世界奇妙无比,痛苦与快乐同在,意想不到的事会不断出现,不知道它们会在什么时间、什么地点、什么情况下悄无声息地来到你身边。

所以,无须担心境遇不如意,也不要妄自得意安逸美好的现状,因为痛苦与快乐是一对孪生兄弟,它们如影随形。

战国时,塞外住着一位老翁。

有一天,老翁家里养的一匹马无故走失了。在塞外,马是负重的主要工具。

邻居都来安慰他,老翁却很不在乎地说:"这件事未必不是福气!"

过了几个月,走失的那匹马居然带了一匹胡人的骏马回家,这真是赚了,邻居都来庆贺。这位老翁却说:"这未必不是祸!"几个月后,老翁的儿子骑这匹胡马摔断了大腿骨,邻居们在佩服老翁料事如神之余也赶来慰问,老翁却又毫不在意地说:"这倒未必不是福!"事隔半年,胡人入侵,壮丁统统被征调当兵,战死沙场者十之八九,而老翁的儿子却因摔断了一条腿免役而保住一命。

塞外老翁眼光长远、利弊并重的思考方法,自然会产生"不以物喜,不以己悲"的平常心,遂成为中国传统文化中睿智的典型。这种平常心带来了生活中的和谐,宽容之心不也是如此吗?

今天的我们,更应该做到"不以物喜,不以己悲"。你有可能得到想要的东西,但是请不要过分高兴。因为在高兴的刹那,就可能失去它,那你岂不是会更伤心。有得必有失,这是自然规律。

生命离不开痛苦,没有痛苦就不是完整的人生。很多时候我们是属于"上苍"的,我们的所有权也是暂时的。我们只是某些事物的保管者,一旦生命结束,所有的一切就都没有任何意义了。

快乐的同时,也夹杂着诸多痛苦(我们不妨把疾病、忧伤等一切消极的东西统称为痛苦),痛并快乐着,这就是人生。在快乐的时候,不焦不躁,努力工作,享受生活;在痛苦的时候,乐观面对,把痛苦当成体验生命存在的

过程。

　　人的心情变化无常，所以，不要因一时的痛苦而绝望，也不要因一时的快乐而麻痹思想。一切顺其自然，即使灰飞烟灭，你也能无忧无虑。

心灵悄悄话
XIN LING QIAO QIAO HUA >>>

　　同样不要因为失去了某方面的东西，就伤心、郁闷。也许另一种你想得到的，就在下一站等候。要有乐观积极的心态，就像塞外老翁一样，从长远考虑问题，不以物喜，不以己悲！

幸福起点在"放下"

人一生都在追寻幸福,究竟何为幸福? 怎样才叫幸福? 很少有人真正去探究这些问题。其实解决问题的方法很简单,那就是"放下",但很少有人能够做到。

人生有退有进,有舍有得,"退"与"舍"未必不是好事。你见过农民插秧吗? 没有退路时,也就是功成名就之时。有诗为证:身把秧苗插满田,低头便见水中天,心地清静方为道,退步原来是向前。

试看古今中外之人,或为名所惑,或为利所动,或为禄所烦,或为情所恼。把名、利、禄、情视为人生的最高追求,却不知人生最大的幸福在于"放下",在于"退",在于"舍"。为人处世,拿得起是勇气,放得下是气度。

有一种感情叫情爱,有一种感情叫憎恨,有一种感情叫厌恶,亦有一种感情叫伤害。放下刻骨铭心的伤痛,放下痛彻心扉的感情,就是最大的幸福。爱过,痛过,恨过,拥有过,失去过,这便是幸福生活的全部真谛。只要你拿得起、放得下,你就是幸福快乐的,无论生死,是聚是散,你都是一个有大智慧的人,得大自在的人。而放不下的人,就会患得患失,活得很累,什么幸福也体味不到。放下忧愁,放下憎恨,放下烦恼,放下那些对功名利禄的苦苦追求,你立即就会感受到幸福。

曾子说:"知止而后有定,定而后能静,静而后能安,安而后能虑,虑而后能得。"其实,"放下"是积极向上的人生态度,是人生中更高的境界。

人世纷繁,尘事庶务,声色犬马,该放下的就得放下,否则便是累赘。不少功成名就之人,或捐资济世,或淡泊于世,甘于"放下";他们在"放下"的同时,也获得了意外的幸福,这种幸福虽然无形,但却隽永,具有更高的层次。它使人格得以提升,使人性趋于完美。

人要幸福,就得学会放下,而不是忘记。人不可能忘记,只能放下一切

不愉快的,记忆该忘记的东西,当然也要放下不该是你的财,不该你有的情,不该是你的爱……"放下"是幸福的种子。

有些人拥有很多,却不幸福,但是少了哪一样,都只会更痛苦。结果是幸福的条件很多,幸福却很少;痛苦的理由很少,痛苦却很多。原因就在于,他们总觉得自己得到的不够,不允许自己放下任何一件。因为放不下,就一定要得到,因为得不到,就盯住它不放,再也看不到已经拥有的东西;或者因为得不到这一件,就觉得拥有的一切都变得毫无价值了。或许这一件明天就会在他手里,那也不行,他现在就要。表面上看他的痛苦只是因为"得不到",本质上却是"放不下"。

人非圣贤,很多事无法兼顾,纵然有三头六臂也不能挽留逝去的东西,顺其自然或许更符合事物发展的规律。何必什么都独揽于手不能放开呢?整天身心疲惫、精神萎靡的,这样的后果简直不堪设想,更可怕的是小病大病的纠缠,那可是最大的悲哀和不幸。

世间万物都需要播种,而"放下"就是幸福的种子,看你能否种出一粒有生命的种子,而不是煮熟了的种子。

心灵悄悄话
XIN LING QIAO QIAO HUA >>>

放下是一种境界,是经过思索,经过痛苦,经过挣扎,经过突围后的顿悟!放不下悲情,悲情就如丝苦缠得心透不过气来;放不下功名,功名就如块垒压在心头;放不下虚荣,虚荣就如酸碱腐蚀着心灵;放不下仇恨,仇恨就如毒雾遮住了阳光……

第四篇 >>>

愈放下，路愈宽

处世当以诚相待，以和为贵，勾心斗角的伎俩没有意义。能放且放，宽容过后是海阔天空。忘记你对别人的恩惠，记住别人对你的帮助，放下那学历、背景、身份、地位，让自己回归到普通人的行列中来，别在乎别人的目光和议论，大胆地从基层做起，放弃过高的欲望，放下宠儿心态，放下你的架子，你的路会越走越宽带，越走越顺畅！

放下架子、心怀谦虚的人，能够时时反省自己的缺点和不足，及时修正自己的言语和行为，深入学习自己所欠缺的知识，为自己成为更具实力的人而努力。

只有停下，才有时间去思考明天

人总是不停地追逐着一个又一个目标。每当到达一个目标，下一个目标便又会出现了，满足了这方面的欲求，那方面还未如意，就这样在不知不觉中令自己陷入了无休止的追逐名利、虚荣和物质享受中，忘记了自己在宇宙中的角色，忘记了自己的使命，忘记了应尽的职责和义务，真正的人生目标被一个个虚假的目标遮挡殆尽……因此，我们应当适时停下思考一下这么做的意义是什么？

美国开发初期曾有这样的故事：当时的美国，地广人稀，地价甚廉。当时土地的出售是以一人一天所跑的范围为准。有一个人付了钱就开始拼命奔跑，从清晨到中午，此人丝毫不敢休息，唯恐因松懈而损失土地。到了黄昏，眼看太阳就要下山，如果跑不回终点就要前功尽弃，因此，他拼命地向前狂奔。

当他千辛万苦跑到终点时，人也立即倒地，气绝身亡。卖主只好将他草草地就地埋葬，最后，所占的也不过只是一棺之地而已。

现在想想，你是否也正为一些目标在狂奔？请让自己学会停下来吧！给自己留一份调整和思考的时间，静心地问一问自己："我在为何而忙，为何而累？匆匆忙忙的尽头，将会有什么样的风景在等待着我……"

如果把人生比作一段路程的话，我们应该有走有停，学会停下，才可能走得更远。给人生留下思考的时间。偶尔停下或放慢速度，看看周围的风景，感受一下生活中的美好，我们就知道忙的多么有意义，也更能明确前进的方向。弦紧弓断，物极必反。暂时放下手中的东西，停下来回头看看，再想想后面的路该怎么走。

懂得停下是一种智慧,学会停下是一种本领,只有学会停下来,才有可能提高工作效率;只有学会停下来,才会对工作更加富有热情;只有学会停下来,才会有足够的时间和空间提升自己。学会放下,轻松工作。

如果不知道如何停下,不在必要的时候放慢速度,就很可能没到终点就撞在石头或树上。我们只有知道如何停下或减速,才能不被"横冲直撞"的忙碌"撞死"在人生旅途中。

轻狂的少年想成为少林寺最出色的弟子。他问大师:"我要多少年才能像你一样出色?"

大师回答说:"至少需要10年。"

少年不屑地说:"10年太长了。如果我付出双倍的努力,那又需要多久呢?"

大师回答说:"如果这样的话,起码要20年。"少年又怀疑地问道:"如果我夜以继日地练习呢?"

大师回答说:"少了30年是不行的。"少年灰心了,他不解地问大师:"为什么我每次说更加努力的时候,你反而告诉我需要更长的时间呢?"大师说:"当你一只眼睛只顾盯着目标时,那么,你就只剩下一只眼睛可以寻找方向了。"

有时候并不是抓得愈紧愈好。我们在努力工作的时候,会掉入一个陷阱,为了把工作做好,往往拼命再拼命,不能自控,最终将身体搞垮,精神匮乏。这种拼命的精神看起来是节约时间,其实,过多的消耗,必然会导致其他方面的缺失。比如,思考的缺乏。一个整天忙于工作的人,冷静思考的时间是不够的。一个过度忙碌的人,是难以照顾自己生活的,更是难以照顾家庭的,如果因忙碌而放弃与亲人的相处,那是极大的损失,也是生命的缺陷。

心理学中有个"瓦伦达效应",是说美国一个叫瓦伦达的高空走钢索的表演者,在一次重大表演之前,不停地对妻子说:"这次太重要了,千万不能失败。"结果,瓦伦达竟然就在那次重大表演中失足身亡。只顾着朝目标奔去,反而会减缓成功的步伐,甚至与成功越来越远。

放松一点，失败一次没什么大不了。现代社会总有太多人背着沉重的包袱与周围人竞争，这些包袱压得自己没有意识放松下来，结果学习累，工作烦，生活痛苦。放下这些不必要的包袱，才会活得愉快，工作得轻松。

心灵悄悄话
XIN LING QIAO QIAO HUA >>>

今天地放下，是为了明天地得到。干大事者不会计较一时的得失。你不可能得到所有，所以不要以为弦绷得越紧箭会射得越远，漫漫人生路，只有学会放下，才能轻装前进，才能不断有所收获。一个人倘若将一生的所得都背负在身，那么纵使他有一副钢筋铁骨，也会被压倒在地。弓都断掉了，箭还怎么能射得出去呢？

意气用事,不堪一击

很多时候,人们对待某件事情,也许会意气用事,想用硬拼的方法来解决问题。在这些人看来,只有硬拼才是解决问题的唯一方法,只有硬拼才能取得成功。其实不然,要想生存得更加持久,必须要学会适时地放弃,只有懂得放弃,才能迎来海阔天空。

无论在工作中,还是在生活中,并不是每件事情都会随着自己的意愿发展,事情的发展充满了未知性,此时如果凡事都追求完美,总是用硬拼的方式来解决问题,这样会使人感到非常疲累,同时也不会取得好成绩。只有学会放弃,才能更好地生存下去。

在复杂多变的社会中,有些人为了追求名利想用硬拼的方式改变别人,改变错综复杂的世界,以便使一切能更好地适应自己。其实从某一方面来说,用硬拼的方式改变别人会得到意想不到的效果,但是不会让自己长久地适应社会的发展并立于不败之地。社会客观的环境个人不容易改变,也不可能改变,那我们就必须要从自身出发,改变自己的心态。不要用硬拼的方式去解决问题,而是要积极转变自己的思维,适应社会,做自己的主人。当自己遭遇到不公待遇的时候,以积极的心态去面对这些,不去抱怨,并努力以积极平和的生活态度去面对这一切,战胜这些困扰,赢得别人的尊重。

社会客观的环境和别人都不容易改变,我们又何必执意要用硬拼的方式来解决问题呢?应当做到平和地面对人生,并积极地调整好自己的心态,洒脱地面对一切。适应社会的变化,做自己的主人,这样在改变自己的同时也会感染他人。一棵草不甘成长在荒芜的沙漠中,于是它努力成长,其他草也都会争奇斗艳,最终沙漠变成了绿洲;一颗星星忍受不住茫茫的黑夜,于是它用生命的火焰点燃星空,其他星星也都会闪耀着自己的光芒,

最终黑夜变成了璀璨的星空。美国著名哲学家金·洛恩曾经说过："我们不可能改变太阳的升起与落下，也不能改变自然界天气的变化，更不能改变一年四季的更替变化。既然如此，就不要用硬拼的方法来解决这些问题，学会放弃，才有可能生存得更持久。"

事实上，当人们遭遇困难时，应表现出一种自信乐观的心态，不要用硬拼的方式去处理这些问题，懂得放弃，这样才能渡过难关，利于自身的生存与发展。

在竞争激烈的社会生活中，很多人都会产生一些压力与苦恼，这些压力与苦恼毫不留情地击打着他们脆弱的神经，殊不知，有一种叫作机会的东西正在一旁等着他们。显然，懂得适时放弃的人会把苦恼和压力转化为成功的动力。在他们看来，苦恼和压力来临的时候，硬拼不是好办法，学会放弃才是生存之道。所以，这些人无论是在生活还是工作中遭遇到恶劣情况的时候，不会用硬拼的方式来解决问题，而是避开它，并与它保持一定的距离，在必要的时候学着放弃它。留得青山在，不怕没柴烧，保存实力才是硬道理。

"留得青山在，不怕没柴烧"是人们经常说的一句话，这句话告诉我们，在追求成功的道路上，不要计较一时的成败，要着眼于大局，当出现挫折的时候，要懂得舍弃与退让，只有这样才能保存实力，才有日后的发展。

在现实工作或者生活中很多人都会有这样的体会，当遭遇到困难的时候，努力向前冲，在中途不会停下脚步。这种进取的精神固然是好的，但是他们应当量力而行，在某些时候，只有保存实力，才有东山再起的资本。

留得青山是留住发展的实力，只有保存好发展的实力以后，才有可能为日后的发展提供必要的条件。因为人们在一生的发展过程中，总会遇到一些不如意的事情，这些事情不会对一生的发展带来决定性的影响，此时人们要从大局出发，不要被一时的得失所迷惑，虽然也许会发生令人意想不到的事情，但也要保存好自身的实力，不去针锋相对，把自身的实力隐藏起来，待到日后东山再起。

特别是遭遇到对自身不利的情况时，不要头脑发热逞强，为了所谓的尊严和面子问题和其他人大动干戈，硬拼的话直接会导致两败俱伤，从而重挫自己的锐气。要想摆脱这种局面，就不要意气用事，争取到最终的胜

利才是真正的英雄。

有两个部落本来非常和睦,但是随着时间的推移和商品交换的出现,他们的冲突不断。而导致冲突最根本的原因就是部落之间贫富差距的扩大。

两个部落分布在山的两旁,居住在山东面的部落人口比居住在山西面的部落人口要多,此时山东面的部落首领的野心也逐渐凸显出来——他想把山西面的部落纳入自己的管辖范围。其实在很早以前,山西面的部落首领就已经发现对面部落的野心。可是由于此时自身实力有限,如果硬拼的话,肯定在人数上会吃亏,于是这位部落首领假装向对面部落讨好来保存自己的实力,以求发展壮大,日后对其进行反击。就这样,这位部落首领按时向对面部落首领献贡品,并把自己心爱的女儿嫁给了对面部落首领的儿子。此时,对面首领已经放松了警惕,扩张计划也就此搁浅。在他看来,这个部落害怕自己的威严,而被迫向他们的部落进贡,这样的话,可以不用劳动也能获取到资源,这岂不是天大的美事。此后,这位部落首领每天都沉浸在花天酒地之中,对部落的生产不闻不问,最终导致粮食减产,部落出现了游手好闲的人员。而此时山西面的部落却丝毫没有放松警惕,部落首领和族人一起劳作,把丰收的粮食积攒起来,并培训了一批骁勇的战士,还联合了其他部落,他们的这些举措就是为了积聚力量,日后对抗山东面的部落。

起初,当山西面的部落首领向山东面的部落进贡时,族人都非常不理解,甚至有人嘲笑部落首领的软弱,可是部落首领耐心地劝说着他们,人在被动的情况下,一定要保存好自身的实力,不要和强者硬拼,硬拼的结果可能会出现大的损失,从而使自身遭受到毁灭性的打击。

为了生存,不能意气用事,要从长远出发,保存好实力以后,才可能有翻身的机会。就这样,在这位部落首领的带领下,这个部落的农业不断增产,人口也逐渐增多,并且还联合了其他的部落,从而使自身的实力远远超出了山东面的部落。最终,山东面的部落便被山西面的部落统一了。

这个有野心的山东面的部落,反过来沦落成被统一,根本原因就在于,

早期那个面临被统一的部落没有和它硬拼，而是选择了用忍辱负重的进贡方式有效保存了自身的实力，从而避免了被统一的命运。这不仅保存了实力，还可以利用这段时期韬光养晦，不断壮大自身的力量，从而实现命运的逆转。

心灵悄悄话
XIN LING QIAO QIAO HUA >>>

"留得青山在，不怕没柴烧"在这里得到了很好的印证，它告诉人们，当我们面临挫折与困难时，如果无以抗拒，首先要充分保存好自身的实力，这才是日后崛起的根本要素。如果没有遵循这一规则，就可能会与成功失之交臂。

放下执着，自由人生

　　快节奏、高强度的紧张生活已使部分青壮年出现隐性更年期的症状，并产生各种各样的心理问题。要想精力充沛，就要克服、压制自己的欲望。心太累的话就先放下来，有时候执着未必就是好事。

　　一位智者讲道前，手里拿着一只盛有水的杯子。他举起杯子，让所有的求道者都看到，然后问道："你们猜猜看，这只杯子的重量是多少？"

　　"50克！""100克！""125克！"……求道者们回答。

　　这时智者说："现在，我的问题是：如果我把它像这样举几分钟，会发生什么事情呢？"

　　"什么事情都不会发生。"一个学生回答。

　　"好吧。那么，举一个小时会发生什么事情呢？"

　　"你的手臂会疼痛起来的。"又有一个商人回答。

　　"你说得对。如果我把它举一天会怎么样呢？"

　　"你的手臂会变得麻木，很可能会受伤，最后肯定得去医院。"一个农民认真地回答，这时大家都笑了。

　　"很好。不过，在这期间水杯的重量发生改变了吗？"智者又问道。

　　"没有呀。"大家一起回答。

　　"那么是什么使手臂疼痛，肌肉拉伤的呢？"智者停顿了一下又问道，"在我手臂开始疼痛之前，我应该做点什么呢？"所有人都迷惑了。

　　"把水杯放下呀！"有个老师说。

　　"对极了！"智者说，"手酸了，放下就好，对待烦恼，不也是这样？或许这些烦恼就像那杯水，是你把它们给举起来的。生活中遇到的问题正是如此。我们能很容易地放下有形的重物，却很难放下无形的重担。执着的人

生会承担莫名的重担。所以学习放下执着就等于在学习人生的自由自在。"

要想谋个理想职位并不容易，除了与整个客观环境有关外，也与许多求职者心态不稳有关，即好高骛远，自命清高，又大事做不好、小事不愿做，满腹牢骚，虚度了许多好时光。放下架子天地宽。无论是硕士还是博士，如不能在工作中体现你的知识和技能，一切都毫无意义。工作是检验一个人价值、能力、作用的最好场所。与其在家抱怨，不如放下架子，从小事做起，为日后的成长打下坚实基础，为谋求更大的发展增添机会。放下学历、背景、身份、地位的包袱吧，没有什么大不了的，不要太执着于梦想中的东西，试着去应对可能遇到的任何机遇与挑战，或许会有让你意想不到的惊喜。因此不要太执着，换条路走。

有一个在金融界工作的人，发誓要考上中国人民银行总行的研究生。三大部《中国金融史》不知道看了多少遍，可是连考了好几年都未考中。这期间不断有朋友拿一些古钱向他请教，起初他还能细心解释，不厌其烦。后来，问的人实在太多了，他索性编了一册《中国历代钱币说明》。一是为了巩固所学知识，二是给朋友提供方便。他依旧没有考上研究生。那册《中国历代钱币说明》却被一位书商看中，第一次就印了一万册，当年销售一空。如今，他的成功与一个研究生相比又差了多少呢？

我们总觉得应该朝着既定的目标奋力拼搏，因为各方面的原因，并不是每个人的愿望和理想都能实现。那些拼搏一世却未获得成功的人，会不会是因为他生命中真正精华的部分被自认为"不是最好的"，而从未得以展示呢？只要不执着于根本不可能的事，成功会在另一个方向等你。

华中师大有一位年轻的教授名叫李宇明，刚刚结婚，妻子就患了类风湿性关节炎而卧床不起，生活都无法自理。生下女儿后，妻子的病情加重。面对常年卧床的妻子、刚刚降生的女儿和还没开头的事业，李宇明矛盾重重。一天，他突然想到，能不能把研究方向定在对儿童语言的研究上呢？

从此,妻子成了最佳合作伙伴,刚出生的女儿则成了最好的研究对象。家里处处都是小纸片和铅笔头,女儿一发音,他们就立刻记录,同时每周一次用录音带录下文字难以描摹的声音。就这样坚持了 6 年,到女儿上学时,他和妻子已成功开创一项世界纪录:掌握了从出生到 6 岁之间儿童语言发展的原始资料,而国外此项纪录最长只到 3 岁。1991 年,李宇明的《汉族儿童问句系统习得探微》的出版,在国内外语言界引起了震动。如果当初李老师没有放弃当教授,那么现在肯定不会成功编著出这么优秀的书,妻子和女儿也不会得到他如此细心的照顾。

因为放不下不可能完成的某个工作,所以只能带着创伤,无法接受新的经验;还有的时候,面对更有价值的事物,因为放不下手里的东西,不能作出新的选择,时机与条件没有到来的时候,我们不知道暂时放下,却要一味执着。变则通,放弃那条走不下去的路,有时候太执着就变成了固执、迂腐。

心灵悄悄话
XIN LING QIAO QIAO HUA >>>

世界上没有任何一条路是直的,学会让执着转个弯,或许成功会离得更近一些,成功的路径不止一条,不要太过循规蹈矩,更不要放弃成功的信心,此路不通,就该换条路试试。

放下架子，路越走越宽

摆架子其实就是一种极端不自信的表现，是对自我的限制。自我认同越强的人，自我限制也越厉害，所以，千金小姐不愿意和下女同桌吃饭，博士不愿意当基层业务员，高级主管不愿意主动去找下级职员，知识分子不愿意去做用不上所学知识的工作……因为他们认为，如果那样做，会有损身份！殊不知，放不下架子，只会让机会从身边白白溜走。

放下架子并不是屈服的表现，而是为自己另寻生机。古时，司马相如和卓文君为了守护爱情放下架子，开小吃店维持生计；范蠡带了西施隐姓埋名，放下架子从商，成为后来的陶朱公；越王勾践放下架子服侍吴王夫差，终于复国；宣统皇帝放下架子，在共和国成立之后当了中山公园园丁，从而延续生命；历代贤明帝王放下架子，微服出巡，与民同欢乐，共甘苦；环亚董事长郑绵绵，17岁时放下架子以擦玻璃体会生活。

有一则这样的故事：一个千金小姐随着婢女逃难，干粮吃尽后，婢女要小姐一起去乞讨，小姐说："我可是个千金小姐！怎么能去乞讨呢？"便不再理会婢女。后果可想而知，贵为千金的小姐被饿死了，而婢女却拥有了一次重生的机会。

"架子"只会让人生之路越走越窄，这并不是说有架子的人就不能有得意的人生，但在非常时刻，如果还放不下架子，只会让自己无路可走。比如，博士如果找不到工作，又不愿意当业务员，便会产生消极厌世的情绪，终成不了什么大事。而如果放下架子，路就会越走越宽，因为路都是靠自己走出来的！

中国赴海外求学的留学生，近年来人数不断攀升。随着中国经济快速

发展,国外市场相对降温,越来越多的留学生毕业后,选择回国就业,使就业市场的"海归派"剧增。由于出国留学花费大,留学生回国后,总希望立即找到高薪工作,先把学费赚回来。一位花了50万元在英国留学两年的"海归"说,他期待的月薪是1万元。但这往往与企业开出的条件有很大的落差。

上海的一项调查显示,有高达1/3的留学生找不到工作,这些待业的留学生,由于啃老本,又被称为"海啃族"。《中国青年报》报道,一名中国名校大学生在2003年毕业后就前往英国一所优秀大学留学,学的是当时相当热门的金融专业。但在2007年初回国后,将近一年的时间内,都没有找到理想工作,只能待在家里,靠啃老度日。

从职业规划的角度看,这样的"海啃族"主要是心态没调整好,是典型的"高不成低不就"。职场新人都需要从头学起。用人单位看到的是你名校的学历证书,却无法看出你有多强实力,能给企业创造多大价值,这些都需要在工作中证明。如果放不下架子,就可能永无出头之日。

当今社会高才生比比皆是,其中有很多人找不到工作。如果能放下架子,珍惜每一次良好时机,从基层做起,总会有发光的一天。人生有一万种可能,谁都不知道下一种可能是什么。只要你放下架子,一步一步坚定地走下去,路只会越走越宽,你就能越走越远。

我们做事是这样,其实做官也是一样,放下架子,做好官。

"放下架子,甘当小学生",这是前辈们留下的优良传统。时下,由于"官本位"等封建思想的侵蚀,个别干部淡忘了做人民公仆的本质,养成了做官当"老爷"的恶习,群众私下形容他们"官不大,架子不小""水平不高,架子倒端得挺足"。出现了这样不和谐的干群关系,事业想要和谐发展根本是无稽之谈。

"架子"像一把无形的利剑,横在干群之间,即使面对面,心也隔得很遥远。一个干部,能力有大小,最终能否有所作为、造福社会,有无"架子"关系甚大。可以说,凡是得到群众认可、成就一番事业的,都是没有"官架子"的人。如焦裕禄、孔繁森、郑培民、牛玉儒,他们没有一个是摆"架子"的。他们的高风亮节,如一座座丰碑耸立于人们心中。没有架子,才能广纳真言。你与群众交朋友,态度诚恳随和、热情谦虚,不拿腔拿调吓唬人,言谈

举止群众接受得了，群众就敢和你说真话、吐真言。因为，他们知道，即使自己不小心说了几句"过头"的话，你也不会"秋后算账"。

放下架子，才能了解到真相。把自己看作一个普通人，让群众感觉和你在一起，没有贵贱之分，喜欢和你拉家常，有什么话都想和你说说。这样一来，何愁不解民意呢！和群众打成一片，并不会因此而有失自己高贵的身份，反而会提高自己的身份。

放下架子，才能赢得真心。你把百姓当亲人，百姓才会把你当亲人。与群众亲密无间，情同手足，他们就乐于和你掏心窝子，把心交给你。

臧克家在纪念鲁迅的诗中写道："俯下身子给人民当牛马的人，人民会永远记住他。"此话同样揭示了一个好官在老百姓心中的威信和架子成反比的关系。愿所有当官的干部都来学习何利彩，不摆官架子，踏踏实实为民办实事、解难题，做一个实实在在的好官。

虽然人在职务、知识、财富、健康、年龄、性别等方面有差别，但在人格上都是平等的。人际交往中，不管对方职位高低，都应给予应有的尊重，只有互相尊重才会有正确的自我认识。

心灵悄悄话
XIN LING QIAO QIAO HUA >>>

事实证明，真正有才能的人不会摆架子。朋友们，放下学历、背景、身份、地位的包袱吧，回归到普通人行列中来，不要在乎别人的目光和议论。放下架子，不要给自己设太多的屏障，放下架子，给自己一个和谐的工作环境。

放下无谓的忙碌

无谓,词典里面的解释是毫无价值,而成语"碌碌无为"说的也就是这个意思。忙得不可开交,却"无为",岂不是太可怕了?

在一篇《为官不能这样忙》的文章里,作者给我们列举了 11 种无聊的忙碌,诸如忙着赴文山会海,忙着赴约赶场,忙着八面玲珑,忙着逢场作戏,忙着你来我往……有人说,"忙、茫、盲"相连,无谓之忙到一定地步就变成了茫然,再发展下去就变成盲目了。正像一首歌里唱的:"忙,忙,忙,忙得没有了方向,忙得没有了主张……"像这样的忙碌,既浪费了财力,又浪费了精力,何苦呢?

每个公司都想招聘做事有效率的员工。一群刚毕业的大学生,到一家很有名气的公司面试。主考官拿出一个大玻璃瓶放在桌上,他把一堆拳头大小的石头一块一块地放进瓶子里,直到石块高出瓶口再也放不下去了。

他问求职者:"瓶子满了吗?"他们都回答:"满了。"

主考官说:"真的吗?"说着又拿出一些小石子,慢慢倒进瓶中,并摇动玻璃瓶,使小石子填满大石块的间隙。"现在满了吗?"他又问。

这群大学生们似乎明白了他想要说什么,连忙回答:"可能还没有。""很好!"主考官又拿出一杯沙子,慢慢倒进玻璃瓶。沙子填满了石块间的所有空间。

他又一次问他们:"瓶子满了吗?""没满!"大学生们大声说。然后主考官拿过一壶水倒进玻璃瓶,直到水面与瓶口齐平。

主考官拍拍手,问学生:这个例子说明什么? 一个学生说:"它告诉我们,无论时间多么紧凑,加把劲,还可以干更多事情。"

"不完全是。"主考官说,"它还告诉我们,如果你不先把大石块放进瓶

子里，那么你就再也无法把它们放进去了。"那么，什么是你的"大石块"？你们也许每天在工作中忙忙碌碌，似乎很努力也很积极，但是否抓住了最重要的事情呢？在公司里，员工的能力并不是完全体现在忙碌上，而是体现在做事有没有效率上。每个公司都需要求真务实的员工。

要想求真务实必须抛却无谓的忙碌。真忙？假忙？实忙？虚忙？这里头有境界、有态度、有水平的问题，但关键还在于"为谁辛苦为谁忙"。放下那些无谓的忙碌，端正工作态度，这样才会有所收获，日子也会因此而过得充实快乐！

职场竞争，首先要有一个明确的目标，该做什么，不该做什么，如果整天都在无谓地忙碌，无疑是在浪费生命。放下功名利禄，抓住属于自己的"大石头"，这样的忙才会有价值。所以如何忙碌，是值得我们好好考虑的问题。

有的人忙得不亦乐乎，有的人忙得牢骚满腹，更有人忙得失去自我。那么，到底如何做到有效忙碌呢？

首先，要明确工作目标。这点尤其对刚工作不久的人来说最适用。初涉职场的人，对很多情况不熟悉，工作方法还没有完全掌握，在接受主管交代的任务时没弄清楚，却又不好意思去问，于是按照自己的理解来做，做到一半后，才发现方向不对，虽然很忙却没有成果。对于这样的情况，要让分配任务的一方多重复一遍任务，并简述一下完成的方法，确认自己已经完全明白后，再开始工作。

其次，要确定好工作方法。同样一项任务，不同的人做就有不同的效率。一般情况下，对工作比较熟练、勤于思考的人工作效率会更高一些。工作效率高的人往往在开始一项工作前，对工作的目标、所采用的方法、需要的资源都会进行合理的规划，确认后才开始实施，这样才能提高效率。"磨刀不误砍柴工"，如果你在进行一件不熟悉的工作，一定要先主动弄清工作原理，不要一接到工作就马上开始做，这往往会越做越难，甚至寸步难行。

最后，就是要做好时间规划。很多人整天忙碌，却毫无成果，就是因为在时间管理上出了问题。

放下——人生百态总相宜

一个公司的新员工,在他与主管谈下周的工作计划时,听到自己座位上的电话响了,便急忙跑去接听电话;一个部门经理,在参加总部召开的视频会议时,被其他部门要求提供资料,便急忙离开会场帮忙整理资料;一个管福利的员工一个月要到市公积金中心去三次……当然,偶尔出现这样的情况,并没有多大的问题,因为总有一些特殊情况或更紧急的事情要处理。但是如果经常这样办事,恐怕就是在时间管理上出了问题。如果确定做一件事情,最好将这件事情一口气做完,尤其是在不适合中断的事情上。和主管谈周工作计划应该是比较重要的事情,而电话响未必重要;参加总部视频会议应该比较重要,除非认为这个会议很无聊,不参加也可以,如果其他人有工作要帮忙,可以告诉对方自己现在在开会,大概几点结束,结束后再去帮忙;对于到公积金中心办理缴费或代员工领取等业务如果每月集中到一天去办理,可以节约很多时间。

一个人的忙碌有很多原因,不管自己多么忙,千万不要浪费自己的时间,懂得怎样忙碌才会有大的收获,这是每一个在职场奔波忙碌的人应该停下来好好思考的问题。提高自己的工作效率才是最值得做的事。

心灵悄悄话
XIN LING QIAO QIAO HUA >>>

在工作中要时刻学会总结。如果忙碌了一场,结果什么成果都没有,那就及时放下这些无谓的忙碌。保持一个良好的工作状态,不要再去做那些无谓的忙碌了!

放下"宠儿"心态

"如今的大学生不能再自诩为社会的精英，要怀着一个普通劳动者的心态和定位去参与就业选择和就业竞争。"一位教育部有关负责人"一语点醒梦中人"。

很多知识精英认为，大学就意味着工作，甚至意味着铁饭碗式的工作。如果是在精英教育阶段，大学生确实拥有众多优势，但是在普及教育阶段，大学生只意味着受教育程度，跟就业好坏并没有多大的关联。

高等教育毛入学率指一个国家适龄人口接受高等教育的比率。根据国际公认的标准，高等教育的毛入学率低于15%为精英教育阶段，15%到50%为大众教育阶段，50%以上为普及教育阶段。1997年，我国高校毛入学率仅为9%左右；而到1998年，普通高校本专科招生数为108万，2000年为221万，2003年则达到382万，高等教育毛入学率达到这个数字并不包括那些被父母送到海外上大学的人数。根据这些数字，中国虽然还不能说是进入了高等教育普及阶段，但是已进入高等教育大众化阶段却是不争的事实。

在以前的精英教育阶段，通过淘汰率特别高的高考，在人才选拔上是优中选优。然后，高校按照国家计划需要定向培养，毕业后将毕业生一一分配到早已安排好的用人单位。拥有了大学毕业生身份，就意味着拥有了国家干部身份。对于这种安排，几乎没人会提出异议，毕竟大学生就等于是社会精英。然而，在大众化教育阶段，考上大学只代表着社会成员个体达到了这个标准，并不代表着会端上"铁饭碗"。

大学生应放下"宠儿"心态，把自己定位为"普通劳动者"。在高等教育普及化的西方发达国家，大学毕业生并没有担任国家公职以及获得高层管理职务的特权，能力的大小才是在职场拼杀的决定性因素。另一个需要

指出的是，当媒体对于不少七八十岁的外国老年人仍在攻读大学学位而惊奇时，就是由于国人忽视了大学生其实只是一个评价个人素质的条件。

告别"宠儿"心态，中国大学生必须意识到这一点。从精英教育到大众化教育，这种转变是社会的进步。大学生最关心的是就业，但是"就业不足"和"有业不就"同样存在。从总体看高校毕业生的就业期望有所降低，到中小企业就业、灵活就业、自主创业的毕业生逐年增加，学生择业观念和心态正在发生积极的变化。不要再受传统观念、社会舆论等多种因素影响，一定要紧跟时代的步伐，给自己作出正确的定位。

如果我们确实是一个知识精英，那就力争实现自我价值。

知识精英作为社会发展的独特力量，在人类的社会发展中起着不可替代的重要作用。我国已进入和谐社会建设的关键时期，迫切需要各方面力量的协调整合。因此，在这样的形势之下，知识精英应该摆正自己的位置，力争在和谐社会的构建中实现自我价值。

纳斯达克缩水与"9·11"事件的打击，把全球IT行业带进了"严冬季节"，中国的一些IT企业不免会感受到阵阵寒意。随着英特尔等上游企业的大幅裁员，很多企业也开始进行"人员优化"。令当事人和旁观者感到有一丝温暖的是，IT企业裁员并不像聊天室的管理员"踢"人那样冷酷无情，比如，给即将"下岗"的员工发一本《谁动了我的奶酪》，就显示了管理者的良苦用心。

IT企业裁员与大家已经熟视无睹的产业工人"下岗"有着完全不同的意味。IT从业人员大多拥有较高的学历，知识储备比较深厚，技术素养处于人才金字塔的上端，一向被看作知识精英和"知本家"，在IT经济处于涨潮期时，他们甚至被誉为"金领阶层"。他们一旦下岗，比例往往比产业工人还高，这多少会让人对经济前景产生不安心理。

不过，这些"金领"人士并非完全没有心理准备。置身于泡沫之中的人，应该最了解泡沫的不稳定性，也必然意识到了"前浪死在沙滩上"的极大可能。如果说知识精英有什么不同于常人的地方，那至少表现在两个方面，一是拥有专业知识和技能，二是有良好的应变能力。面对当前中国的

经济形势，没有永远的"铁饭碗"。因此，只有运用良好的应变能力，调整心态，才能实现自身的价值。

"人才金字塔的上端""精英""知本家""金领阶层"，一个短短的述评，就给信息产业从业人员戴了那么多高帽子。下岗了，不就是失业人员吗？却也要高人一等，讲究"阶层"，表示自己是特殊的，摘不掉那些高帽子。其实，不管"精英"的纸帽子糊得多高，下岗了就是失业了，到没钱买饭吃的时候，就需要摘下高帽子，去找活干。

当《谁动了我的奶酪》这本书放到了自己的办公桌上时，追问"到底是谁动了我的奶酪"已经没有必要，流泪和叹息也没有必要，重要的是重新出发，去找到属于自己的另一块奶酪。

中国经济的飞速发展，知识精英也有可能会找不到工作，适时进行角色重构，放下不切实际的"高帽子"，从头开始。

心灵悄悄话
XIN LING QIAO QIAO HUA >>>

知识精英有着年龄上的优势，"再生"的能力不容小视。只要正确认识自我价值，不断刷新自己的知识结构，要在这个经济发展总体看好的年代里找到自己的位置，应该不是难事。对他们来说，最为重要的一点，莫过于放下"宠儿"心态，勇敢地面对工作中的挑战。

放下过高的欲望

所谓知足，是种平和的境界；所谓常乐，是一种豁达的人生态度。生活中我们经常会为各种烦恼所困扰，比如一些人哀叹社会不公、时运不济，有一种"黄钟毁弃，瓦釜雷鸣"的失落感。在这种心态下，觉得失意、气馁，感到活得很累、很苦，在哀叹中消沉下去，一蹶不振，甚至产生轻生的念头。其原因就是缺乏知足常乐的心境。

一个农夫骑着毛驴走在路上，看见前面有位富绅骑着枣红马威风凛凛。农夫很自卑地长叹一声："我这辈子要是能有一匹枣红马该多好呀，小毛驴走起来真的太慢了！"内心很不平衡。可农夫回头一看，发现后面居然有一位挑着担子被压弯了腰的老汉，累得汗流浃背。见此情景，农夫恍然大悟，自己与前面的富绅无法相比，但却比后面挑着担子的老汉要强上百倍。想到此，农夫的心里便开始感到知足、快乐。这是个很普通的民间故事，却蕴含着深刻的道理，那就是"知足者常乐！"

知足常乐，在烦躁与喧嚣中，会过滤一种压抑与深沉，沉淀一种默契与亲善，澄清一种本真与回归，久而久之，便会步伐轻盈，精力充沛。小说《笑傲江湖》里有一句话：莫思身外无穷事，且尽生前有限杯。虽是虚构，却不失为一种人生感悟，点出"人生一世，草木一秋"的真谛。如果人人都能知足常乐，世间便会少一点横眉冷对，多一点笑脸相迎。

人在职场，知足常乐。对事，坦然面对，欣然接受；对情，琴瑟合鸣，相濡以沫；对物，能透过下里巴人的作品，品出阳春白雪的高雅。做到知足常乐，有了良好心态就会在待人处世时，充满和谐、平静、适意、真诚。这是一种人生底色，当我们忙于追求、拼搏而找不着"北"的时候，知足常乐，安贫

乐道。

"人生在世，名利而已。"这恐怕是当今社会不少人的人生观。他们穷其一生争名逐利，人的"欲望"实在太多，如果整日想着如何才能争得更大的名，赢得更多的利，只会生出无限烦恼，如何还乐得起来呢？倒是那些安贫乐道的人——刘禹锡虽居陋室之中，仍笑言"何陋之有"——才活得自在而潇洒。

我们要以"比上不足，比下有余"的心态去看待生活。如果没有能力和条件过上富裕的生活，却偏要去追求富裕和奢侈的生活，只能是自寻烦恼。总怀疑春色在人家，却没有意识到自己平凡的生活也有着意想不到的幸福和快乐，这是极其愚蠢的。

古人云："春有百花秋有月，夏有凉风冬有雪，若无闲事挂心头，便是人间好时节。"大自然给予我们的已经很多，足够我们走完生命的历程，我们所要做的便是知足，对生活充满感激之情。一个不满足的人即使是百万富翁，也只能是一个精神上的乞丐，而一个知足常乐的人，即使粗茶淡饭，也是一个精神上的富有者。

生活在妄想里的人对生活是永远不满足的，所以他们总是活得很累，他们有较强的虚荣心，喜欢攀比，见不得别人比自己好，他们永不知足，所以他们永远不会快乐。适度的欲望会促使人们拼搏和奋斗，过分的贪欲则会变成一种负担。如果一味陷于其中，便会错过许多人生乐趣。而欲望少了，便能品味出人生的幸福。知足之"乐"，是无法用名利换来的。清末名臣林则徐有一副对联便是：有容乃大，无欲则刚。这副对联所反映出的就是一种淡泊名利、知足常乐的精神。

知足常乐是一种看待事物发展的心情，不是安于现状的骄傲自满的态度。《大学》曰："止于至善"，就是说人应该懂得如何努力达到最理想的境地，懂得自己该处于什么位置是最好的。

知足常乐，是人性的本真。孩童时代，我们会为拥有了梦想得到的东西而喜上眉梢，笑逐颜开，烙下一串串深刻的记忆。今日重温，也许还会忍俊不禁。无论行至何方，所处何位，知足常乐永远都是情真意切的延续。

任何事物都有其规律，都是大自然的循环。用一颗坦然的心态面对这个世界，没有必要过分羡慕他人的生活。每个人都有自己独特的生活方

式,每个人都有别人无法拥有的独特之处。你在羡慕他人的同时,很可能也是别人羡慕的对象。不属于你的,你永远都得不到;属于你的,终究会被你所拥有。调整好心态,知足你才会幸福!

心灵悄悄话
XIN LING QIAO QIAO HUA >>>

"知足"并不排斥进取,"无求"也不是看破红尘,而是宁静、坦然、达观的生活态度。人要有知足的心态,不知足的精神!

放下一点资格

每个人都有不同的个性，就像是未经河水冲刷过的石头一般，总有自己的棱棱角角。正是因为这样，所以很多人在年轻的时候不懂得妥协、不懂得放弃。在经过了岁月长河的打磨后，他们的棱角经过不停冲刷，变得圆润起来，此时的他们，懂得了什么是妥协，什么时候应该放弃。在人生的道路上，我们既要有勇，又要有谋，不要无所畏惧地一个劲儿向前冲，因为这样只会使自己处于不利地位。

通常来讲，人们都希望保留自己的勇气，同时消磨自己的锐气，让自己可以生活得如鱼得水，但也都不希望自己的人生过得如同一潭死水一般平静。所以，在年轻的时候，多经历一些挫折，可以让人保持头脑清醒，不被胜利所迷惑，不因为胜利而骄傲，也不被挫折所打倒。只有在挫折中，才能将自己变得更加成熟、更加圆润，将自己的锐气打磨平整，从而使自己在下一次的尝试中取得成功。

现在很多年轻人在找工作的时候，拿不起放不下，挑三拣四，所以，在求职现场产生了一个怪现象——在知名企业的招聘位置前，总是围着成百上千的应聘者，而那些中小型的企业应聘者却寥寥无几。年轻人大多会好高骛远，存在不切实际的想法，因此，他们往往高不成、低不就，从没有想过，放弃是开始的另一种形式。实际上，这些年轻人不妨放下自己的锐气，放下自己的架子，认识到自己的能力，找一家更适合自己的中小型企业，在这样的企业中，他们更容易发挥出自己的作用，凸显自己的个人能力。就像是下面这则故事中的博士那样，学会放弃往往会获得巨大的成功。

一位刚刚毕业的计算机系博士，希望能够找到一份理想的工作，他认为凭借着自己的博士学位以及专业的计算机知识，一定很容易就可以找到

一份理想的工作。但是结果却与他想象的完全不同。

从他开始找工作到现在已经过了两个月的时间,他一直四处碰壁,一无所获,那些公司宁可要一个刚毕业的大学生,也不要他这个博士生。因此,他在无计可施的情况下,来到一家职业介绍所。博士在这家介绍所并没有填自己的任何学历,只以最低的身份做了登记。博士在这家介绍所填完资料后,又开始自己找工作的历程。但是出乎他意料的是,有一家公司找到他,并且直接录用了他。虽然这个职位只是最初级的程序输入员,但是他十分珍惜这份来之不易的工作,并做得十分认真、投入,完全没有觉得有失自尊。很快,公司的老板便发现他找来的这个小伙子的能力不是普通的程序员能比的,他总是能察觉出程序中不易被察觉的问题。因此,老板将博士叫到办公室,这时候博士拿出他的大学学历证书,老板看过之后便给他换了一个相应的职位,因为老板认为,不能这么浪费一个人才。

又过了两个月,老板发现这个小伙子能够提出很多独特的建议,他对计算机的认识远远超过了一般的大学生,而且能力也比一般的大学生要高。这时候,博士拿出了自己的硕士学位证书。老板立刻提拔他做部门总监。就这样,过了半年后,老板经过仔细观察,发现他能够解决实际工作中遇到的所有技术问题,而这些问题很多是他公司里的硕士生解决不了的,于是老板下定决心要把这个小伙子留在自己的公司里。

当天晚上,老板请博士到自己家里去喝酒,在酒席上,老板再三盘问,博士终于承认自己其实是个博士,之所以没有在职介填上自己的学位,是因为现在的工作实在是太难找了,他想要一步登天,还不如从基层做起,如果遇到一个慧眼识英雄的老板,自然看得出他的优秀,因此他就隐瞒了自己的博士学位。第二天上班,博士还没有向老板出示自己的博士学位证书,老板便已经当众宣布他任职公司副总裁了。

实际上,博士就是在自己找工作屡屡碰壁的过程中,做出了一种选择。他选择放弃自己拥有的博士学位,放下了自己一心想要步入高层的锐气,选择从零开始,从基层做起,因此,他凭借着自己勇于放弃的智慧与勇气,凭借自己过人的能力,在短短的时间内便脱颖而出,成为公司的一大支柱。如果当初博士没有放弃自己的锐气与骄傲,而是真的用博士生这样的一纸

学历进入了一家公司，那么他是否能在很短的时间里便有数次提升？

这种事情恐怕是不太可能发生的，即使他能够数次得到提升，那么提升的时间也不会相隔这么短。除此之外，在公司位居高端的人，像博士这样拥有高学历的人也不在少数，哪一个不是经验丰富？有谁会服气被一个只有文凭而没有任何工作经验的人来管理呢？所以，如果博士一开始就亮出自己的博士文凭，那么他自然会得到较高的职位，但是他也会让别人对他产生较高的期待，如果他工作得出色，别人会认为这是理所当然的事情，如果他表现得不尽如人意，别人就会对他产生失望的情绪，甚至连来之不易的工作都可能丢掉。

因此，博士用放下自己的文凭资格，就低工作，并在工作上勤奋努力，获得了人生的大成功，这样的方法及态度对当今社会的大学生、硕士生、博士生们又怎么会不适用呢？只要他们能够放下自己的身段、放下自己的优越感、放下自己的锐气，从自身情况出发，认识到自己的真正所需，不被虚荣的、空洞的事物所蒙蔽，踏实地走好每一步，那么就一定可以取得自己的成功。

心灵悄悄话
XIN LING QIAO QIAO HUA >>>

在必要的时候放低一点资格，隐匿一点资历，隐藏一点锋芒，就低一点的职位，谦虚地处事，勤奋地工作，在别人不注意你的时候，突展锋芒，获得大成功，这也就避免了树大招风之祸，顺利赢得成功。

真正的公平是不存在的

生活中,这样的现象时常发生:没有能力的人身居高位,有能力的人怀才不遇;事情做得少或不做事的人拿的工资要比做事多的人高;同样的一件事情,你做好了,老板不但不表扬还要鸡蛋里挑骨头,而另一个人把事情做砸了,却能得到老板的夸奖和鼓励……诸如此类的事情,会让我们气愤地抱怨说:"这简直太不公平了!"

很多人都认为自己在承受着不公平的待遇,这让他们感到很受伤。这个世界本就没有百分之百的公平,你越是想寻求绝对的公平,就越会觉得别人对自己不公平。

小张和小徐同一天进公司,且被安排在同一个部门。

刚开始,小张和小徐没有什么两样。上下班打卡,迟到早退扣工资,有事不来要向人事部门请假……

可是一个月后,小张发现小徐经常不来上班。起初他以为小徐是发生了什么事情,也没觉得有什么不妥。可有一次,他在公司用QQ联系一笔业务的时候发现小徐也在线。小张出于好奇,问小徐:"你今天怎么不来上班呢?有事吗?不来上班要扣工资的。"小徐只说自己有事,并没多说什么。小张出于好意问小徐要不要替他请假,小徐直截了当地告诉他不用,他从来没有请过假。

但是在发工资的那一天,小张发现,小徐的工资竟然和自己一样多,也就是说这一个月小徐迟到、早退、不来上班,却没有扣一分钱工资。

小张开始纳闷了,他想,难道是公司的制度有了变化?于是,他也学小徐,一周只来两三天,其他的日子去干别的事情。月底发工资时,小张吃惊地发现,工资竟然被扣掉了一半!

小张特别生气，他觉得太不公平了，于是气呼呼地去找财务理论。财务说自己只是按规定办事，让他找老板去说。

这时，平时和小张关系不错的一个老员工偷偷告诉他："你别去找老板了。你还不知道吧，小徐是他的外甥。"

小张听了，恍然大悟，原来如此啊！幸亏没去找老板，否则后果不堪设想。从此以后，小张再也不苛求所谓的公平了。

有时，追求公平往往不会有好结果，你看到的不一定能成为申诉的理由，所以不必愤愤不平。

现实中，绝对的公平是不存在的。不仅是职场，其他领域也是一样，这个世界不是根据公平原则创造的。只要看看大自然就会明白，世界对于弱者来说永远是不公平的，弱肉强食，优胜劣汰，没有公平可言。一味追求绝对的公平，只会导致心理严重失衡，变得浮躁不安。

许多时候的公平都是相对而言的，衡量公平的标准也不是固定不变的，当你换个角度来看问题时，你会发觉自己得到的比失去的要多。所谓的不公平只不过是进行比较后的主观感觉，所以只要我们改变一下比较的标准，就能够在心理上消除不公平感，生活中绝对公平是不存在的，我们要去适应它，接受它。

比尔·盖茨说："生活是不公平的，要去适应它。"就像选秀，你认为自己比其他人优秀，但最后结果是评委都没选你，你肯定觉得比赛有黑幕、不公平。

也许在工作中，你是最努力、业绩最好的那个，但偏偏在升职的候选名单上，领导把提名给了一个会拍马屁的人，而你还要继续做"老黄牛"，默默耕耘。你会觉得努力白费了，得不到领导的肯定。这样不仅会压抑人的良好心境，对健康也会产生不利影响，而且还会扼杀你的聪明才智与创造才能。

其实所谓的公平，无非是想得到认可与赞扬，是虚荣心在作怪。只要努力过，参与过比赛，享受过程就够了，结果只是锦上添花而已，得到大多数人的认可就已经是胜利者了。就算冠军给了你，虽然可以激动一段日子，但之后的日子也还是一样，"生、老、病、死"都一样要经历。所以，做喜

欢做的事,享受过程的乐趣,不要只为了别人的评价而活。否则,你所做的每样事情都将是为别人而做的。

追求公平的心态阻碍了人们的正常发展,放下这种无谓的追求,才能迎来和谐的人生。那么,在遇到不公平的事情时,怎样妥善处理呢?

首先,不必事事苛求公平。这常常是人们心理受到伤害的原因之一。因为世上本就没有绝对的公平,如果事事都拿着一把公平的尺子去衡量,就是在与自己作对。

其次,设法通过奋斗和努力来求得公平。比如,有些人认为只要工作踏实肯干、业务能力强就应得到领导的青睐,把与领导搞好关系的举动错误地认为是溜须拍马。他们往往忽略了领导也是人,都需要得到别人的尊重与肯定,所以有些看似不公平的事,其实是自己不成熟的观念与言行造成的。

再次,改变衡量公平的标准。不公平只是你的主观感觉,只要从心底改变标准,就能消除这种不公平感。比如,这次没评上职称,觉得很不公平。可是如果换一个角度想,就会发现评选职称的名额有限,许多和自己条件一样,甚至强于自己的人也没评上,这样一想,也许你就心平气和了。

心灵悄悄话
XIN LING QIAO QIAO HUA >>>

对生活中的小事看开一点,不要斤斤计较。已经过去的事情不要耿耿于怀,把精力和时间放在创造新的价值上。这样,也许就单个事情来说不一定公平,但整体上说就公平了。

算计别人不可取

许多人考虑事情，都是从本位出发，首先考虑这件事会对我有什么影响，然后才会想到别人。于是就会考虑自己应该先怎样做，这样做会对自己怎么样。衡量来衡量去，做出自认为对自己有最大好处的选择，事情就按照设想的进行并得到了预期结果。

也许你以为这样就心满意足了，可其实你失去的可能比得到的更多。算计别人害人又害己，何不放弃这种"小聪明"做个处处受欢迎的人呢！

与人交往，难免会上当受骗。伤心难过之余，人们会有很多处理方法。性格坦荡的人在受到伤害后，能够以宽容之心去对待，甚至会一笑泯恩仇。心胸狭隘之人，常常不能真诚待人，甚至嫉妒心异常严重，乃至不择手段地算计别人。

春秋战国时期，孙膑、庞涓二人共同拜于鬼谷子门下，但是二人所学内容并不一样。孙膑将所学都教给了庞涓，而当他问庞涓都学了些什么时，庞涓总是支支吾吾，敷衍搪塞。一段时间后，庞涓自认为凭自己的能力足以纵横天下了，便下山闯荡，做了魏国的驸马。当他得知孙膑还在跟着师傅学艺后，感到孙膑是自己潜在的竞争对手，必须将其除掉。在庞涓几次"盛情邀请"下，孙膑只好应邀来到魏国。随后，庞涓陷害孙膑并挖掉了他的膝盖骨，孙膑靠装疯卖傻打消了庞涓继续残害自己的念头。最后，庞涓被困马陵道，落了一个乱箭穿身的下场。

庞涓一心想着算计别人，最后还是自己倒霉。坏念头会在自己身上留下难以消除的污迹，坦荡的人深知这个道理，所以不会无端地算计他人。

有人说，糊涂比精明好。因为糊涂之人犯了错误后，更容易得到原谅，

大家都知道他不是故意的;而精明之所以有时会坏事,是因为太精明的人往往让人不敢与之交往,不慎失误也容易被人当作"机关算尽"。精于算计别人的人,不但累了自己,也累了别人。

一个精于算计的人,通常也是爱计较的人。算计容易让人失去平静,处在一事一物的纠缠中。而经常失去平静的人,都会有较严重的焦虑症。

爱算计的人在生活中是无法得到平衡和满足的,他们总是与别人闹意见,内心充满了冲突。

爱算计的人,心脏的跳动比平常人快,睡眠不好,失眠也总是与之相伴,消化系统易受损害,气血不调,免疫力下降,容易患神经、皮肤疾病。最可怕的是,他们总是怀疑一切,常常把自己摆在世界的对立面,这实在是一种莫大的不幸。他们的骨子里还贪婪,这使他们的生命变得没有色彩。

李梅40出头,却已未老先衰,病魔与她形影不离,让她痛不欲生。了解她的人都会在同情之余加上一句感叹:"她太会算计了,是算计害了她。"

她与婆婆和妯娌的关系不好,一点鸡毛蒜皮的小事,也能让她琢磨成许多原则性的问题。亲情在她的算计中淡去,最后竟到了老死不相往来的地步。

工作中,她也很会算计。特别是当单位评审职称、晋升干部、加薪评奖时,她会对上司和同事的一个脸色、一句不经意的话特别敏感,且能反复研究,并按照算计得出的结果,集中力量进行反击。于是人为地与同事之间画出一条防线,严防死守,还不时出击,最终是害人又害己。

她一个知心朋友都没有,没有和谐的生活环境。整日被焦虑困扰,常常坐卧不宁,苦思冥想,处心积虑,最终导致脱发、消瘦、心律失常。过度的算计是会致人病、要人命的。

喜欢算计的人,容易对人、对事产生不满和愤恨,所以人际关系不佳,事情处理不好。结果只会使算计者穷尽心力,又不得不再算计,再反击,导致恶性循环。

《红楼梦》中的王熙凤就是个典型的善于算计的女人。她毒设相思局,弄权铁槛寺,弄小巧借剑杀人,瞒消息设奇谋,终于"机关算尽太聪明,反误

了卿卿性命"。

刘备工于心计，临死前仍念念不忘束缚诸葛亮，给诸葛亮套上一个紧箍咒，最后自己也因算计过度，付出了心血和生命。

日常生活中，要时常提醒自己，宁愿吃点亏，也不能为了一点利益算计自己的朋友。否则你会失去朋友，失去他们的关怀以及对你的信任。算计别人，也许得到了你想要的，但会失去你本来在别人那儿所拥有的，所以算计害人又害己。

心灵悄悄话
XIN LING QIAO QIAO HUA >>>

爱算计的人，必然是经常注重阴暗面的人，所以他们总是发现问题，处处担心、事事设防，内心总是灰色的。

第五篇 >>>

不贪婪，勿私欲

　　人生就像是一个杯子，它可以承载很多东西，但是容积是有限的，如果不断地往杯子里面倒水或者塞东西，那么杯子里面的水便会流出来，甚至会因为硬物的挤塞而破裂。因此，当人们面对诱惑的时候，一定要考虑人生这个杯子是否能够装得下自己内心如此多的欲望与贪婪，从而避免因为贪念让自己陷入苦恼当中，更要避免因为贪念，毁掉自己的人生。

　　放下是一种人生境界，勇于舍得更是一种人生哲学。人世间正是具有了放弃与舍弃的精神，生活才会更加丰富多彩，人生才会迸发出绚烂的火花。

贪求越多，离幸福之路就越远

　　每个人的一生都是在得到与失去中度过的。在现实生活中，每个人只能凭借着自己的摸索，一步步地向前行走。在人生的道路上，时代为一个人的前进道路布满了鲜花与荆棘。当你一个人踏入鲜花丛中，在面对种种诱惑与荣耀的时候，能否保持清醒的头脑，不贪求并不属于自己的东西——这是时代所带来的陷阱；面对荆棘的时候，你是否有勇气面对这些困难，能否明白面对荆棘需要放下手中多余的东西，才能轻装踏上前方幸福的道路——这是时代给一个人的考验。一个人是否懂得舍弃，才是这个时代最重要的生存哲学。固然，舍弃会带给人们痛苦，但是当一个人具有了舍弃的智慧，便会豁然开朗，那些痛苦也转变成收获的喜悦。要知道，人生中必不可少的东西并不是很多，而是很少，并且很容易得到。

　　人的一生似乎总是在追逐当中，追逐别人拥有而自己没有的东西，追逐名利、财富、地位。当拥有了这些之后，人们还想要拥有更多，甚至想拥有这世界上的一切。这便是欲望在控制着一个人的人生。一个对自身欲望没有控制力的人，他会被幸福推得远远的，在他的脸上，找不到笑容，只能看到不满足与焦虑。一个人如果连自己的人生都无法掌控，那么怎么能叫作圆满呢？又怎么能称得上是幸福的呢？

　　古往今来，很多成大事者都能够控制自己的贪念，将自己的欲望控制在一定程度上，不过多地贪婪。我国历史上，春秋五霸之一的楚庄王就是一个能主动控制欲望并克制过多欲望的人。

　　一次，令尹子佩请楚庄王来京台赴宴，楚庄王很爽快地便答应了这一请求。子佩一大清早便将宴会准备妥当，但是直到日暮降临，也不见楚庄王驾临。第二天一早，子佩就前往拜见楚庄王，向他询问不来赴宴的原因。

楚庄王回答子佩说："我听说你在京台摆的盛宴。京台这个地方是一个汇聚了所有快乐的地方，向南可以看到料山，脚下正对方皇之水，左面面临长江，右边紧临淮河，人到了那里，会快乐到忘记自己。而像我这样德行浅薄的人，断然难以承受这样的快乐。因为害怕自己会沉迷于此，而忘记处理国家大事，对江山社稷的发展造成危害，因此，我改变了初衷，没有赴宴。"

正是因为楚庄王明白自己需要克制自己的欲望，避免沉沦于享受当中，这才没有去京台赴宴。而这也使得他在登基后"三年不鸣，一鸣惊人；三年不飞，一飞冲天"，成为一方霸主。

假如楚庄王没有这种对欲望的自制力，那么也许就会像他所说的沉迷在京台那个地方，从此不理朝政，任由自己的领地荒废，又怎么能有后来一飞冲天的霸气呢？因此，可以看出，控制欲望，能够让人保持清醒的头脑，不被眼前的假象所迷惑，进而成就一番事业。

面对当今社会中的各种诱惑，以及内心越来越多的贪求，人们更应该对自己的欲望加以控制。否则，不仅不会感受到快乐，还会使自己与幸福的距离越来越远。事实上，很多人在得到自己所追求的东西的时候，并没有任何快乐的感觉，反而感到十分迷茫与空虚。这样的结果就是因为人们贪求的东西多数并不是他们所需要的，但是在人们追逐这些东西的时候，失去的却并不是所得之物能够弥补回来的。

有一档考验智力的综艺节目，其中有一个环节是主持人随机抽取现场观众的座位号，被抽中者就可以上台答题。只要答对一道题，便可以领取奖金。这个环节的规则是这样的：观众只要答对第一道题就有1000元现金奖励；答对第二道题则有2000元现金奖励；答对第三道题就能有3000元的现金奖励。如此一来，只要能够答对三道题，瞬间就可以拥有6000元。但是同时还有一个规则，那就是一旦答错其中一道题，那么答题者一分奖金都拿不到，如果答题者，在答对第一题、第二题的时候，选择不再继续回答，放弃下面的答题机会，那么就可以获得答对题的奖金。这个游戏一开始便十分火爆，但是很少有人能够三道题全部答对，有80%的观众都是空手而归，空欢喜一场。

其中有一个家庭主妇的表现让人记忆尤为深刻。她连续答对了两道题之后，主持人依照惯例问她是否还继续答下去？主持人的话还没问完，场下的观众就已经大声地喊起来："答！答！答！"主妇并没有立刻回答主持人，而是想了一下，随后坚定地选择了不答。

主持人很是惊讶地看着主妇，因为自节目开播以来，这个主妇是第一个连过两关而选择不继续回答问题的人。主持人问她为什么这么选择，主妇回答说她一直期望能够给孩子买架钢琴，但是家里一直没有富余的钱，现在她答对了两道题，所得的现金已经足够买一架钢琴的了，因此她会选择放弃。

正是因为这个主妇没有过多的贪求，当自己的愿望能够满足的时候，她能够及时地控制自己，所以她才能如此知足、快乐。否则，如果主妇选择继续回答，那么她也有可能像前面80%的参与者那样空欢喜一场。

可以说这个主妇是明智的，在面对选择的时候，她能够选择放弃，这正是主妇的高明之处。说到放弃，许多人联想到的会是无能、懦弱、失败，但实际上，放弃并不等于抛弃，放弃是在面对事情的选择时做出"两害相权取其轻，两利相权取其重"的决定，它是提供赢的机会，是知足常乐的代表，更是幸福的来源。可以说，放弃并不是懦弱，做出放弃的选择反而更加需要勇气；放弃也并不等同于失败，放弃是为了以后的成功奠基。因此，学会放弃，是生活中的一大智慧，更是获取幸福、让生活充满欢乐、充满阳光的最好办法。

在生活的取舍中，人们往往只注意"取"，而忘记了"舍"的必要。实际上这也是人之常情，因为人的情感就是这样，总是希望自己拥有的越多越好，认为只有这样，自己才会更快乐。

所以，人们的情感迫使着人们不停地追逐没有获得的东西。可是有一天，当自己拥有了大部分的东西的时候，反而会忽然惊觉：为什么现在拥有了许多，自己反而变得更加忧郁、无聊、困惑、没有动力了呢？仔细思考自己走过的路程后，人们才会发现，似乎这些不快乐，都与自己不满足、不知足的贪求有关。自己之所以会这么不快乐，感觉不到幸福，是因为自己渴望拥有的东西越来越多，对东西的追求越来越执着了。

放下——人生百态总相宜

可以说，只有懂得放弃才能拥有快乐，如果人总是背着包袱行走，那么这个人必然会行进得很辛苦。因此，人们只有放弃过多的贪求，控制住自己的欲望，才能追赶上幸福的步伐，才能够感受到生命的充实。

心灵悄悄话

XIN LING QIAO QIAO HUA >>>

人们追求的大多数东西，其实都是人生中可有可无的，只要认清了这一点，人们就可以放下自己的贪念，让自己更加从容、更加闲适。无论面对什么都能够保持住一颗平常心。

不要因为深重的欲望而迷失自己

欲望是一道难平的沟壑，它总是源源不断地扩张、加深，最终让人因无法承受如此深重的欲望所带来的压力而崩溃。一个人知道自己的欲望是什么，便知道了自己性格中最大的限制是什么。一个人的性格是最难被改变的，但是更加难以改变的是面对欲望的时候，人们能否不被欲望所影响。

去过赌场、看过赌徒的人都知道，在赌场中的人无一不是在欲望的操纵下迷失了自我。即使那些人明白"十赌九输"的道理，他们也总抱有"一把翻牌，将前面输了的全部赢回来"的侥幸心理。因此，很多人在短短一分钟的时间里，便输掉了自己的所有。而这些赌徒在作出是投下自己手中的筹码还是果断放弃赌场中的一切这样的决定时，看似是由理性在做主，实际上一切都取决于贪念。

从前有一只聪明的狐狸，每一天它都会经过一座葡萄园，它很想溜进园中大吃一顿，于是它耐心地等到葡萄成熟。终于，葡萄全部成熟，空气中散发着葡萄的香气，这时候它想要溜进园中，却发现栅栏的空隙太小，它钻不过去。于是，为了能够吃到美味的葡萄，狐狸节食了整整三天，最后终于能够从那些狭小的空隙中钻进去了！但是，当它痛痛快快地美餐一顿后，却发现自己无法从园中钻出来，没有办法，狐狸只好又在葡萄园中饿了三天才出来。出来后，狐狸望着葡萄园感慨地说："忙来忙去，还是一场空。"

就连狡猾的狐狸也会因为欲望让自己陷入尴尬的局面。

除此之外，欲望当中还有色欲。一个人如果没有被诱惑，或许还能平静一些，但是一旦接触到了色情影像，或者是赤裸裸的挑逗的时候，即使他心性再高、道行再深，也可能会崩溃，被满脑子的色欲驱使，忘形地追求一

时的感官放纵。想要不被色情所诱惑，人们通常想到的是禁欲。实际上，禁欲并非是治本的方案，很多时候，禁欲起到的是反作用，不但没有将人从欲望中解脱出来，反而让人在欲望的深渊中越陷越深，无法自拔。

因此，想要从欲望中解脱出来，就需要对自己的弱点加以控制，从弱点中有针对性地寻找定心和培养定力的方法。可以说，欲望是一个人的天性，每个人都无法避开它，但是却可以控制自己放下不该有的、多余的欲望，将这些多余的欲望升华为自身的能量。因此，性欲并不是过错，也不用急于否定它。人们之所以会被性欲所控制，主要是在于人们的内心没有摆正它的位置，没能将其升华为正能量。

当人们满足了自己的某种欲望的时候，便会感觉自己好像是轻松了一些，但是欲望却并没有被消除，它马上便会卷土重来。而当它再次出现的时候，往往会比上一次更加猛烈，甚至这种欲望会常驻于人们的大脑当中，迫使人们成为它的奴隶。其实很多时候，当人们被欲望所驱使而追求一些东西时，得到后常常会发现其实那只不过是一堆垃圾而已。

心灵悄悄话
XIN LING QIAO QIAO HUA >>>

在贪念的驱使下，即使你再坚强、再镇定，也会不由自主地成为欲望的奴隶。赌徒以为凭借着自己的主观意愿就可以将自己的命运改变，但是实际上一旦开始了赌博，就等于是开始了一场骗局，骗取赌徒的矛盾理性盲点的骗局。

淡泊名利，幸福无处不在

《佛光菜根谭》中说："人生唯有少执着、多放下，对名利不执着，对权位不执着，对人我是非能放下，对情爱欲念能放下，才能享受随缘随喜的解脱生活。"然而在现实生活中，人们总是在追求幸福，但是人们最终得到幸福了吗？

有个人曾经来到神的面前祷告："万能的神啊，我请求您赐给我幸福。"

神面容慈祥地看着诚心向他祈祷的子民："我的孩子，你今年多少岁了？"

那个人回答道："万能的神啊，我今年60岁了。"

神听后感到十分惊讶："我的孩子，难道你这60年来从来没有幸福过？"

那个人摇了摇头，对神说："在我10岁的时候，我还不懂得什么是幸福；当我20岁的时候，我又在忙着追求学问、文凭，好让自己能够在这个社会生存；在30岁的时候，我为了房子和车子拼命地工作，就是为了让自己的生活不落于人后；40岁的时候，为了能够高人一等，在为升迁与高薪努力着；50岁的时候我整日为孩子们的前途而奔波，不停地拜访各位掌握着我孩子命运的人；60岁的时候，我不得不为满身的病痛四处寻求良医救治……万能的神，您说我这60年怎么能体会到幸福呢？"

神听了那个人的诉说，深深地叹了口气说："我的孩子，这确实是我的疏忽，我关注在你身上的目光实在是太少了。我真的欠了你很多的幸福。现在我要赐予你幸福，但是你的心里装满了名利、烦恼与怨恨，哪里还有位置安放我给你的幸福呢？"

那个人听了神的话之后，恍然大悟，当他抛下名利、烦恼与怨恨，这时才感受到原来幸福无处不在。这只是个故事，但是在现实生活中，很多人就像傀儡一样地生活，他们为了面子及名利去打拼，却从来不去想自己想要的生活到底是怎样的，而幸福又是什么样子的。

有一位中国的 MBA 留学生，在留学期间他在纽约华尔街附近一家餐厅打工。因为在他看来，即使是在餐厅打工，也要选在华尔街上的餐厅，唯有这里，才充斥着华尔街的金融气氛。有一天，他指着前来就餐的华尔街精英们兴致高昂地对餐厅大厨说："你看着吧，总有一天我会成为他们中的一员，打入华尔街！"

大厨听了他的话后感到很好奇，于是问道："年轻人，这就是你的愿望？那你毕业后有什么打算呢？"

留学生用英语很流利地回答："我希望在毕业之后，能够立马进入一家一流的跨国企业工作，最好是世界五百强企业，这样不仅收入丰厚，就连自己的前途也是一片光明。"显然这样的问话，留学生已经不是第一次回答了，因此他连一点停顿都没有，就说出了自己的打算。

大厨对留学生解释道："我从前就在华尔街的一家银行上班，每天都披星戴月、早出晚归，所有的时间几乎都献给了工作，没有一点自己的业余生活。甚至有一次，我去小学门口接我的孩子放学，但是等了好久也没见我的孩子从学校出来，还是从前教过我孩子的老师告诉我，我的孩子已经上初中了，在这儿怎么能等得到呢？你看这是多么讽刺的事情，连天天相处的家人我都不知道他们的状况是什么。另外，我一直喜欢烹饪，每当听到家人和朋友赞赏我的厨艺，看到他们津津有味地吃光我所做的菜时，我的心里就感到十分的满足。有一天，我在写字楼忙到凌晨一点才结束一天的工作，如此辛苦的我却无法好好地吃一顿饭，只能啃着汉堡充饥。就是在那一刻，我下定决心要辞职，远离令我生厌的刻板生活，选择我所喜爱的烹饪生活，这样我不仅能享受到更多的私人时间，和家人在一起，而且可以工作得很快乐、很幸福。"

对于这位大厨来说，职业无贵贱，无论从事什么样的职业，他更加重视

的是自己所从事的这份职业是不是自己的兴趣所在、在这份职业中能否体现出自我价值。因此，他所过的生活才是真正属于自己的人生，他享受到的幸福感才会更多，并且来得更容易。

幸福其实就在人们的身边，想要感受到幸福，只要让其进驻自己的内心就可以了。当你的心被名利、面子填得满满的时候，你要适当地释放出一些空间，将面子、名利之心放下，这样你才能享受人生，感受到幸福。

心灵悄悄话
XIN LING QIAO QIAO HUA >>>

懂得淡薄的人，肯定也是一个有道德修养的人，"人到无求品自高"。他心里没有要怨恨的人，没有敌人，只有感激的人。他懂得如何关爱别人，懂得谦虚，处处随和，脸上一片慈祥亲切，所以也处处受人喜欢。

锁住心中的欲望

生命之舟是需要时常卸载下一些东西的,当人们觉得生活不堪重负,心灵上的重担越来越多的时候,就需要学会卸载,将自己心中的欲望、贪婪一一放下,避免自己陷入不知满足及无尽的贪婪之中。

许多人在掌握权力、拥有某些便利条件的时候,会不计一切代价为自己敛财,不择手段地让自己获得更大的权力、获取更高的地位。在这样的心态驱使下,这些人被自己的欲望所主宰,出入要排场,居住要豪华,忘记了自己的本分,成为欲望的奴隶。与他们相比,周恩来总理在私下里为自己和家人定下了 10 条家规,这无疑显示出周总理一直将欲望拒之于门外,永远保持着清醒、自律的态度。这 10 条家规包括:第一,不准晚辈丢下工作专门看望他;第二,家里有客人来访一律住招待所;第三,一律到食堂排队买饭菜;第四,看戏以家属身份买票入场,不准使用招待券;第五,不准请客送礼;第六,不准动用公家汽车,有事乘坐公共汽车,或者骑车去;第七,个人生活中自己能做的事情自己做,不要让别人代办;第八,生活要简朴;第九,不准提及总理,不准说出与总理的关系,炫耀自己;第十,不谋私利,不搞特殊化。

可见,贪婪与清廉只在一念之间,而这一念之间就会将一个人的人生从此变成两个世界——一个是在天堂,一个是在地狱。事实上,一旦一个人拥有过多的欲望,便会衍生出过度的贪婪,而过度的贪婪终将导致一个人走向犯罪的深渊,一步步走入欲望、罪恶的地狱。

现代人想要让自己避免沉沦到欲望的深渊中,首先,要懂得“放下”,学会调节自己的欲望,不要让自己太贪心,该放下的就要放下,而不是对任何事物都紧紧抓在手里不放。人们必须知道,有“舍”才有“得”,不会舍弃就不会有所得。正所谓“失之东隅,收之桑榆”,“塞翁失马,焉知非福”,只有

放下，才有可能得到更多更好的东西。

其次，人们要懂得"放开"，只有将自己心中的欲望放开，才不会计较自己的得失，保持心灵的平衡。台湾的星云大师，在完成了他一生的志业、准备离开佛光山四处游历的时候，他的弟子问他："大师，这座寺院是您亲手建立的，您怎么舍得离开它呢？您一离开，不是什么都没有了么？"大师回答："双手紧握，我的手里什么都没有；双手张开，这世界什么都是我的。"星云大师摊开双手，放开了他对志业的执着，放开了人们对他的尊崇，换来了自由自在的心境。

最后，人们面对欲望，要懂得"放空"。不要让自己总是处于"满"的状态，那样人们不会自省到自己的不足，如此一来，当面对诱惑时，人们便不能很好地把持住自己。因此，人们要懂得给自己的心灵腾出空间，让自己自省，坚定自己正确的原则，不被欲望冲昏头脑。

当人们将欲望作为自己生活动力的时候，他们往往已经处于生活的迷雾当中，只是很多人无法发觉到这一点，当他们发觉的时候，往往已经为时晚矣。

心灵悄悄话
XIN LING QIAO QIAO HUA >>>

欲望对人产生的危害是十分巨大的，严重的时候，甚至会让人丧失自己的性命，而欲望就像是一层迷雾一样，笼罩在人们的面前，让人们无法清楚地认识到前方的道路是平坦还是陷阱。要避免这样的情况发生，人们就必须懂得放下。

放下嫉妒，充分享受生活的快乐

嫉妒是把双刃剑，既伤人又伤己。有很多原本是美好的事情，因为嫉妒，变得不美好，甚至是丑陋。

有这样一则寓言：有一个濒临死亡的人幸运地遇到了上帝。上帝对他说："我的孩子，现在你可以许一个愿望，我将满足你。但前提是，你的愿望许下去，你的邻居会得到双份。"这个人听了喜不自胜，但是仔细一想又觉得心里很不平衡，他想：上帝是我遇到的，愿望又是我许的，如果我得到一份田产，那么我的邻居便会得到两份；如果我得到一车的财富，邻居就会得到两车；更不公平的是，如果我得到一个美女，那么那个穷光蛋岂不是要得到两个美女？凭什么愿望我许，好事却全让他占了？这个人想来想去，不知道自己应该许什么样的愿望，因为他心有不甘，嫉妒自己的邻居得到的比自己多。最后，他咬咬牙，对上帝说："我想好了，万能的主，我许愿——请您挖去我一只眼珠吧！"上帝听了这个人的愿望后感到很惊讶，但是因为自己已经承诺过这个人什么愿望都能满足他，于是上帝摇摇头，将这个人变成了"独眼龙"，而他的邻居则无辜地变成了盲人。

遇到上帝，能够让上帝满足自己的欲望，本来这是一件非常美好的事情，但是却因为嫉妒心作祟，使得自己和其他无辜的人都受到了伤害，这又是何必呢？嫉妒是一把双刃剑，在伤害到别人的同时，也会伤害到自己。那么，明白了嫉妒的危害后，人们又应该如何克服自己心中产生的嫉妒呢？著名的思想家罗素在《快乐哲学》一书中这样写道："嫉妒是一种罪恶，它所产生的作用十分可怕，但实际上嫉妒并非完全是个恶魔，它的一部分是英雄式的痛苦表现形式；人们在黑夜中盲目勇敢地探索，也许可以走向一个

更好的归宿,也许只能走向死亡和毁灭的道路,人们想要摆脱这种没有方向的绝望,寻找康庄大道,文明人必须拓宽他的心胸。人们必须学会自我超越,在超越自我的同时,学会像宇宙万物那般自在逍遥地活着。"

放下嫉妒,放下对别人的羡慕,这样你才不会因为嫉妒和对别人的羡慕而感到不快乐。你要知道,其实每个人的生活并不缺少什么,但是当人们因为自己没有得到某样东西而感到不快乐的时候,人们便会嫉妒别人的所得。所以,嫉妒和羡慕是造成人们不快乐不幸福的陷阱,只有将嫉妒和羡慕放下,或者将这两种情绪转化为追求的动力之后,你的人生才会出现转折。

嫉妒是一种可怕的情绪,它就像是一个恶性肿瘤一样,所带来的破坏性十分强大。它会毁灭一个人的人际关系和生活,会让一个人不安于现状,会损害一个人的自信心,忽略自己对生活的真正愿望和需要。

当人们因为不能拥有自己认为应该拥有的东西而产生怨怼的时候,或者当人们试着去效仿别人的生活、品位的时候,人们自身存在的潜能就无法发挥出来,因为人们花了太多的时间和精力去和别人比较。但是人们永远无法感到满足,因为人们总是发现比自己强的人大有人在,所以人们无法体会到自己的成就感,变得更加无力和羞愧,不知道自己想要追求的究竟是什么,只会对别人不断拥有新的东西而感到嫉妒、怨恨,让自己不快乐。

小云原本对自己的生活还比较满意,但是当她见到了老同学小西之后就开始不快乐,变得沮丧起来。因为小西有一个很有钱的年轻男友,而且其男友对她很好,无论小西想要什么他都会满足。也正因如此,小西不用再为生活担心、为生活而忙碌,只需要好好享受生活,发掘自己的艺术潜力就可以了。小云知道小西现在的生活后,十分羡慕甚至是嫉妒。因为她一个月的工资不过3000元,就是这些钱还要分出一部分作为妹妹的生活费,而自己的男朋友,家庭条件比自己还要差,即使是几百块钱的礼物,他也买不起。和小西比起来,小云觉得自己可怜极了。因此,小云心理十分不平衡,也很羡慕小西能有这样的男朋友。在这样的情绪下,小云整天闷闷不乐,当她将自己的心事对朋友讲后,朋友对她说:"每个人得到的东西都是

由他的运气和努力所影响的，美慕和嫉妒是没有必要的，不过是在浪费你的时间、情绪，蒙蔽你的心神而已，让你无法继续专注于你所追求的东西。最重要的是，你能确信，别人得到的东西就一定比你现在拥有的好吗？"

听了朋友的话，小云改变了自己的想法，不再嫉妒、美慕，而是转为祝福和追求自己未来的生活。

一个人，活在嫉妒当中，就像是活在没有光明的黑夜里一样，他的内心只会被恶意的念头所占据，无法享受到生活的快乐。因此，将嫉妒放下，对别人多给予会心的一笑，衷心祝福别人，你会看到这世界的精彩，也会体会到幸福的滋味。

心灵悄悄话
XIN LING QIAO QIAO HUA >>>

嫉妒是一种可怕的情绪，它就像是一个恶性肿瘤一样，所带来的破坏性十分强大。它会毁灭一个人的人际关系和生活，会让一个人不安于现状，会损害一个人的自信心，忽略自己对生活的真正愿望和需要。

第六篇 >>>

放聪明，装糊涂

　　人怕聪明猪怕壮，在成功的路上，有些时候不必把你的聪明赤裸裸地，让敌视你的人看懂，那样会徒增烦恼，甚至会引出祸端。因此，难得糊涂，也得糊涂，藏巧于拙，暗度陈仓，韬光养晦，保存实力，伺机而待，不失为聪明人的糊涂之道，智慧之计，从而获得一份安逸、快乐的达观与从容。

　　糊涂是一种大智慧，它不是昏庸，不是傻帽儿，不是愚昧；相反，它是一种气度，一种修养，一种智慧。生活中，糊涂使得做人有人缘，做事有机缘，糊里糊涂看起来傻乎乎的但却总是笑到最后。

藏巧于拙，用晦而明

有时候，当人们身处逆境，或遭逢不幸时，鲁莽行事往往都是徒劳无用的。这个时候，除了观时而动，耐心等待时机以外，没有更好的办法。这样，也许要不了多久，就会柳暗花明，在你的眼前出现希望的曙光。

藏巧于拙，用晦而明。人性都是喜直厚而恶机巧的，而胸有大志的人，要达到自己的目的，没有机巧权变，又绝对不行，尤其是当他所处的环境并不如人意时，那就更要既弄机巧权变，又不能为人所厌戒，所以就有了藏巧用晦的各种处世应变的方法。

有这样一句名言："取象于钱，外圆内方。"古钱币的圆形方孔，大家都是知道的。为人处世，就要像这钱一样，"边缘"要圆活，要能随机而变，但"内心"要守得住，有自己的目的和原则。例如，对周围的环境、人物，假如有看不惯处，不必棱角太露，过于显出自己的与众不同来，"处世不必与俗同，亦不宜与俗异，做事不必令人喜，亦不可令人憎"。这样，则既可以保全气节，也可以保护自己。

《三国演义》一书中有这样一个故事：

刘备投靠曹操之后，仍有一番雄心壮志。但是刘备也防备曹操谋害自己，就在住处后院种菜，亲自浇灌，以为韬晦之计。关羽、张飞对此不解，问道："兄长你不留心天下大事，却学小人之事，为什么呢？"刘备说："这不是二位兄弟所知道的。"

一天，曹操派人请他去赴宴，刘备不知曹操用意，心里忐忑不安。酒到半酣，忽然天空阴云密布，骤雨将至。曹操突然问道："玄德久历四方，一定非常了解当世的英雄，请说说看。"刘备历数了袁术、袁绍、刘表、孙坚、刘璋、张鲁、张绣等人。不料，曹操鼓掌大笑道："这些碌碌无为之辈，何足挂

齿!"刘备说:"除了这些之外,我实在不知道了。"曹操说:"凡是英雄,都是胸怀大志,腹有良谋,有包藏宇宙之机,吞吐天地之志。"刘备说:"那谁能担当此任呢?"曹操先用手指指刘备,又指指自己,说:"当今天下英雄,只有你和我了。"刘备闻听此言,大吃一惊,手中所持的筷子不觉掉到地上。正巧这时外面雷声大作,刘备便从容俯下身去拾起筷子,说:"一震之威,乃至于此。"曹操笑着说:"大丈夫也怕雷震吗?"刘备说:"圣人云,'迅雷风烈必变',怎能不怕呢?"这样,刘备把自己闻言失态轻轻掩饰而过,曹操也就不再怀疑他胸有大志了。

曹操自以为英雄,又害怕刘备与之敌对,一向只是心里明白,没有当面说出。可是"酒后吐真言",不觉顺口说出。刘备在此期间一直装呆,如今却被曹操一语道破,心中哪能不惊?于是筷子不觉滑落地上。刘备的淡淡一语,妙在有意无意之间,真是警灵,竟把曹操也瞒过去了。刘备随机应变,借雷声掩饰自己的失态,使曹操对他没起疑心,实在机警敏锐过人。

有时候,当人们身处逆境,或遭逢不幸时,鲁莽行事往往都是徒劳无用的。这个时候,除了观时而动,耐心等待时机以外,没有更好的办法。观时而动,静静地等待时机,也许要不了多久,就会柳暗花明,在你的眼前出现希望的曙光。刘备的韬光养晦说明成大事者都懂得观时而动。

西汉时也有一个能藏巧于拙、用晦而明的人。这个人叫陈平,是汉高祖刘邦的重臣。

汉高祖死后,吕后专权,吕后是个很残忍的女人,她把刘邦的几个儿子都处死了,除掉了刘氏诸王,以吕氏一族统治天下。凡是反对者一律肃清。

陈平为了保身,只好表示赞同吕后的想法和做法。虽然心中不满,表面上仍显得很听从吕后的意见。他知道稍有不慎,就会引来杀身之祸。

吕后看到陈平很顺从,渐渐对他放心了,还把他由左丞相升为右丞相。就是这样,陈平也还不敢稍懈戒心。他故意怠慢重要的政务,天天沉溺在酒色之中。这种奢靡腐烂的生活,与他过去精干洒脱的作风大不一样。这对吕后来说,当然是高兴事儿。只要陈平这样不问政事,荒淫放荡,她就可以完全放心了。

陈平装痴装傻，只求保住性命，一心一意等待时机。吕后一死，他便果断地站出来，支持太尉周勃将吕氏一族杀的杀、抓的抓，政权又重新回到了刘家手中。

陈平的退不是自甘堕落的退，而是为了日后的进。在当时的情况下，吕后专权，吕氏一族势力极旺，若陈平鲁莽行事，或戒心稍懈，则随时都会有性命之忧，更何谈日后的恢复汉室江山了。保得性命在，等待有利时机，不能不说是一种明智的做法。

在中国人的人生智慧中，十分重视"藏巧用晦"，即自己的行动目标不能轻易暴露，而且必须有一定的掩饰。越王勾践可谓是藏巧用晦的典范。

由此可见，藏巧于拙，用晦而明，实际是在自己力量尚无法达到自己追求的目标时，为防止别人干扰、阻挠、破坏自己的行动计划，故意采取的假象策略。

有明确的目的性与功利性，具有极强的主观意识，于是极富于人的主体精神。它又有极强的进取性，虽然在表面上有许多退却忍让，却更显示人的韧性与忍辱负重的内在力量。同时，它又因极大的隐蔽性具有极强的实效性，它往往攻其不备而出奇制胜，取得事半功倍的结果。

心灵悄悄话
XIN LING QIAO QIAO HUA >>>

藏巧于拙，用晦而明。这正如李白有句诗所说："大贤虎变愚不测，当年颇似寻常人。"这是指在一些特殊的场合中，人要有猛虎伏林、蛟龙沉潭那样的伸缩变化之胸怀，让人难以预测，而自己则可在其间从容行事。

放低姿态，方能把握命运

在春秋时期，激昂是一种主流的态度。所有的人做事，无不以刚烈、血性为荣。正所谓"士可杀不可辱"，侠客们都是"三杯吐然诺，五岳倒为轻。眼花耳热后，意气素霓生"。这种气势让当时的官府头疼不已。一直到汉代，儒家思想才逐渐取得了统治地位。儒家思想强调"中庸"之道。所谓中庸，其实是一种自处的学问，通过自我价值的肯定，显出一种锋芒不太露的气质，低调而有内涵。直到这时，中国的世俗风气才逐渐扭转过来。其实，很少有人像项羽、关羽那样激昂地走过一生。比如，韩信曾受胯下之辱。低调仅仅是一种平和的态度，虽然略显消沉，可是，它实质上并不一定是消沉。

才华出众而喜欢自我炫耀的人，必然会招致别人的反感，吃大亏而不自知。所以，无论才能有多高，都要善于隐匿。

作为一个人，尤其是一个有才华的人，要做到不露锋芒，这样既可以有效地保护自己，又能充分发挥自己的才华。所谓"花要半开，酒要半醉"就是这个道理。鲜花盛开娇艳，不是立即被人采摘而去，就是衰败的开始。人生也是这样，当你志得意满时，切不可趾高气扬、目空一切、不可一世，否则你会被别人当靶子打。所以，无论你有怎样出众的才智，都一定要谨记：不要把自己看得太了不起，不要把自己看得太重要，不要把自己看成是救国济民的圣人君子，而是要收敛起你的锋芒，掩饰起你的才华。

锋芒太露而惹祸上身的典型，在旧时是为人臣者功高震主。打江山时，各路英雄汇聚麾下，锋芒毕露，一个比一个有能耐。君主当然需要借这些人的才能实现自己争霸天下的野心。但天下已定，这些虎将功臣的才华却不会随之消失，这时他们的才能便会成为皇帝的心病，甚至让他感到自己已经受到威胁，所以屡屡有开国初期斩杀功臣之事，所谓"卸磨杀驴"是

也。韩信被杀，明太祖火烧庆功楼，无不如此。

刘备临终时，阿斗尚幼，刘备当着群臣的面对诸葛亮说："如果这小子可以成事，就好好辅佐他；如果他不是当君主的材料，你就自立为君算了。"诸葛亮顿时哭着跪拜于地说："臣怎么能不竭尽全力、尽忠贞之节，一直到肝脑涂地呢？"说完，叩头至流血。刘备再仁义，也不至于把国家让给诸葛亮。因此，诸葛亮一方面行事谨慎，鞠躬尽瘁，另一方面则常年征战在外，以防授人"挟天子"的把柄。而且他锋芒大有收敛，故意显示自己老而无用，以免祸及自身。这是韬晦之计，收敛锋芒是诸葛亮的大聪明。

如果不露锋芒，可能永远得不到重任；而锋芒太露却又易招人陷害。因此，当你施展自己的才华时，切记要适可而止，否则就会埋下危机的种子。因此许多人在这种情况下选择了糊涂智慧，借以保身。

俗话说："大智若愚，难得糊涂。""糊涂"之所以"难得"，是因为不糊涂的人，非得糊涂不可。

郑板桥中进士后，曾任山东潍县知县。他为人磊落正直，不容邪恶，廉洁奉公，关心民众，然而这却与当时污浊腐败的官场之风格格不入。因此，郑板桥往往有很多的痛苦、忧愁与愤懑。而郑板桥又是个艺术家，工诗善画。论诗提倡"真气、真意、真趣"，就这一个"真"字，便使他忍受不了现实中的浊气、腐气和邪气。尽管他的诗作对现实多有揭露，但以他一个"七品"小官的力量，用几首诗、几篇文章，是改变不了世间风气的。面对世间许许多多光怪陆离的社会现象，郑板桥无力改变，只得无奈接受，使清醒的自己糊涂一些，以免遭受更大的精神痛苦。

然而，郑板桥又偏偏是个极聪明的人，对什么事都看得清清楚楚，他无法糊涂。求糊涂，反而"难得糊涂"，可见这4个字包含着多少感慨与叹息，又有多少不满与牢骚在其中！可以说，"难得糊涂"是一种智慧，也包含了许多哀痛与沉重。

当然"难得糊涂"中的"糊涂"，并不是真的糊涂，而是做给他人看的一

种"假糊涂"。也就是说，嘴里说的虽是"糊涂话"，脸上反映的也是"糊涂的表情"，但做的却是"明白事"。因此，"难得糊涂"中的"糊涂"，反映的是人类的一种高级智慧，是人类精明的另一种特殊表现形式，是人类适应社会的一种高级的、巧妙的方式。

"糊涂"之所以"难得"，还在于它是一种超越。这里的"糊涂"已不再是词语意义上的糊涂了。它是超越了无奈、痛苦、世俗、功利之后，所达到的一种虚静、淡泊的心灵状态。它是一种难得的朴拙和真纯，也是道家"返璞归真"思想的体现。从这个意义上说，"糊涂"就是"拙"，"难得糊涂"就是一种超凡脱俗的境界。

在日常生活中，借助"难得糊涂"，人们可以更好地保护自己，恰当地表现自身的才能，充分显示自己的心胸之宽广、气宇之不凡。凡是世上能成大事者，或多或少都有"难得糊涂"这番功底。但是，"难得糊涂"又是一种比较深奥的人生哲学，能不能实践并不是靠一时心血来潮的冲动，它所需要的是一个人丰富的社会经验和复杂的处世技巧，因此对希望自己实践"难得糊涂"的人来说，就有一个怎样"糊涂"的问题。其关键就在于对"难得糊涂"中的"难得"这两个字的理解和应用。

首先，难得糊涂中的"糊涂"是一种假装，要装得自然得体，掌握一定的火候，让人察觉不出。其次，在重大问题上绝不能糊涂。正如郑板桥所言："聪明难，糊涂难，由聪明转入糊涂更难。放一着，退一步，当下心安，非图后来福报也。"这段话的学问，是极其深奥的。

心灵悄悄话
XIN LING QIAO QIAO HUA >>>

立身处世，只有学会"难得糊涂"，你的聪明和智慧才会得以体现。糊涂有真假之分，所谓小聪明大糊涂是真糊涂假智慧。而大聪明小糊涂乃假糊涂真智慧。所谓做人难得糊涂，正是大智慧隐藏于难得的糊涂之中。

放下过分的睿智

"花要半开，酒要半醉"是古人高明的处世之道。花开艳了，招人妒忌，要么被人采了，要么会被秋风打落；酒喝得太醉了，必然不省人事，甚至"酒后吐真言"、酒后伤人。

人生也是这样，在与人交往时，就要适时"装傻"：不露自己的高明，更不能过于纠正对方的错误。人际交往，装傻可以为人遮羞，自找台阶；可以故作不知达成幽默，反唇相讥；可以作痴癫状迷惑对手。只有具备好的演技，才能"疯"得恰到好处。

只要你懂得装傻，你就并非傻瓜，而是大智若愚。世上聪明者数不胜数，而自作聪明者更是不计其数，那么，到底什么人才算是真聪明呢？有一种说法，就是"真正聪明者，往往聪明得让人不以为其聪明"。这话不无道理。古往今来，聪明反被聪明误者可谓多矣！倒是有些看似"平常"的人，却成为事实上最聪明的人。

洪武年间，朱元璋手下的郭德成就是这样一位聪明得让人不以为聪明的人。当时的郭德成任骁骑指挥，一天，他应召到宫中，临出来时，明太祖拿出两锭黄金塞到他的袖中，并对他说："回去以后不要告诉别人。"面对皇上的恩宠，郭德成毕恭毕敬地连连谢恩，并将黄金装在靴筒里。但是，当郭德成走到宫门时，却又是另一副神态，只见他东倒西歪，俨然是一副醉态，快出门时，他又一屁股坐在门槛上，脱下了靴子——黄金自然也就露了出来。守门人一见郭德成的靴子里藏有黄金，立即向朱元璋报告。朱元璋见守门人如此大惊小怪，不以为然地摆摆手说："那是我赏赐给他的。"有人因此责备郭德成道："皇上对你偏爱，赏你黄金，并让你不要跟别人讲，而你却故意露出来闹得满城风雨。"对此，郭德成自有高见："要想人不知，除非己

莫为,你们想想,宫廷之内如此严密,藏着金子出去,岂有别人不知的道理?别人既知,岂不说是我从宫中偷的?到那时,我怕浑身长满了嘴也说不清了。再说我妹妹在宫中服侍皇上,我出入无阻,怎么知道皇上是否以此来试一试我呢?"现在看来,郭德成临出宫门时故意露出黄金,确实是聪明之举。因为如果恰如郭德成所言,到时的确有口难辩,而且以朱元璋的为人来看,这类事也不是不可能发生的。郭德成的这种做法,正是运用了"花要半开,酒要半醉"地做人思想。

因此,从人类生存智慧的角度来看,智慧的人从来不会拒绝糊涂。装糊涂更具有与众不同的灵活性。因此,对于工作、生活等难以一时辨明是非、衡量得失的事情,我们可以采取含蓄的态度加以应对。要知道,糊糊涂涂才是真。难得糊涂,也正是大智若愚的境界。因为,大智若愚是一种至高无上的人生境界,也是一种人生谋略。

在现实生活中,这个道理同样适用。其中,与领导交往的技巧就是"故意装傻"。这也就是指不炫耀自己的聪明才智,不反驳对方所说的话。其实要做到这一点是非常不容易的,必须要掌握得恰到好处,否则会弄巧成拙。

作为一个人,尤其是作为一个有才华的人,要做到不露锋芒,不仅要说服、战胜盲目骄傲自大的心理,凡事不要太张狂、太咄咄逼人,更要养成谦虚让人的美德。这样才能有效地保护自我,并且适时发挥自己的才华。

因此适当地放下你超人的智慧,来一点"傻"气,来保全自己。

有时候别人都知道的事情,但是别人都不言语,即使你知道其中的道理,也不能说破。然而有时候,别人都不知道的道理,你知道了,如果想避开,也是不可取的。齐国的隰斯弥去见田成子,田成子和他一起登上高台向四面眺望。三面的视野都很畅通,只有南面被隰斯弥家的树遮蔽了。田成子当时也没说什么,隰斯弥回到家里,叫人把树砍倒,没砍几下,隰斯弥又不让砍了。他的家人问:"您怎么这么快就改变主意了?"隰斯弥答道:"谚语说,知道深水中的鱼是不吉祥的。田成子是有篡位野心的。如果我表现出能够在精微处察觉事情的真相,那我必然会有危险了。不砍倒树,未必有罪。而知道了别人的隐秘之事,那罪过和危险就不得了。所以我才

决定不把树砍倒。"

由此可见，"难得糊涂"是一种智慧。它能够让你在纷繁变幻的世道中，看透事物，看穿人性，能知人间风云变幻，处事掌握轻重缓急。

李白有这样一句耐人寻味的诗："大贤虎变愚不测，当年颇似寻常人。"这无疑揭示了韬光养晦的处世法。在一些特殊的人生境遇下，人要有猛虎伏林、蛟龙沉潭那样能伸屈变化的胸怀。让人难测，而自己则可在此从容行事；假装糊涂，让人忽略你的存在，而在必要时做到先发制人，使对方不知所措，这是兵家的计谋，也是处世的谋略。元朝末年，朱元璋带领的农民起义军攻占了南京城，因为当时天下大乱，群雄并起，为了避免成为众矢之的，他采纳了朱升的建议，以"高筑墙，广积粮，缓称王"的策略，在众人的眼皮底下暗度陈仓，赢得了各个击破的时间与力量后，最终消灭群雄，登上了大明皇帝的宝座。因此，难得糊涂，隐藏实力，伺机而动，才能有大的作为。

在政治风云中，当危险要落到自己头上时，通过装疯卖傻，可以达到逃避危难、保全自身的目的。

我国古代著名的军事大师孙膑，遭到庞涓暗算后，身陷绝境。然而孙膑不向恶势力妥协，他决定佯狂诈疯，以放松庞涓的警惕之心，然后再图逃脱之计。一天，庞涓派人送晚餐给孙膑，只见孙膑正准备拿筷子时，忽然昏厥，一会儿又呕吐起来，接着发怒睁大眼睛乱叫不止。庞涓接到报告后亲自来查看，只见孙膑痰涎满面，伏在地上大笑不止。过了一会儿，又号啕大哭，庞涓非常狡猾，为了考察孙膑狂疯的真假，命令属下将他拖到猪圈中，孙膑披发覆面，就势倒卧猪粪污水里。此后庞涓虽然半信半疑，但对孙膑的看管比以前大大地松懈了。孙膑也终日狂言疯语。一会儿哭一会儿笑，白天混迹于市井，晚上仍然回到猪圈之中。过了一些天，庞涓终于相信孙膑真的疯了。这才使孙膑不久后得以逃出魏国。

事实上，当我们遇到一时难于处理、难于解决的矛盾和冲突时，可以借助于"故意的糊涂"，有意识地拖延时间，缓和矛盾、化解冲突，以便利用最佳时机解决问题。可以说，这种"糊涂"实际上就是"明者远见于未萌，智者避危于无形"，是一种少有的谨慎。

商代末期,商纣王通宵喝酒而忘记了当时是什么日子,问左右的人,都不知道,派人去问箕子,箕子对他的从人说:"身为一国的主人,而让一国的人们都忘记了日子,国家就很危险了。一国的人都不知道,而只有我一个人知道,我也就很危险了。"于是对使者推辞说自己喝醉了酒,也记不清是什么日子了。

因此,难得糊涂不仅能够反映出一个人的聪明才智,还会使人脱离险境,保全自己。可以说,有时候放下自己的身份,也可以为之后的成功奠定基础。这无疑是一种巨大的收获。

心灵悄悄话
XIN LING QIAO QIAO HUA >>>

在人生的旅途中,人们经常会面临必须立即表态的"两难选择"。此时,人们可以借助于"难得糊涂",佯作不知,拒不表态,或者做一些模棱两可的、使人感到糊里糊涂的姿态,以逃避复杂的、困难的选择。可以说,此时的"糊涂"是一种老练、狡猾的表现。

低下头来，保存实力

该低头时就低头，也就是在形势不利于自己的情况下，要学会主动退让，自觉认输。学会认输并不等于真的认输，而是一种暂时的保全之道。只有保存实力，你才能有重新奋起的可能性。

权力场上的斗争水火不相容，谁也不想认输，谁都想高人一等。但是当面对比自己权力更高的人时，即使能力比对方强，也不能过于显现，否则，会引起对方的嫉妒，最后惹火烧身，给自己招惹麻烦。面对这种情况，要学会低调处世，巧妙地规避风雨。

人生在世，要学会保护自己，低调不是消极地趋利避祸，而是为了养精蓄锐，取得更大的发展。

这种"低调做人"的自卫自保之法，在拥有长矛利器的曾国藩那里也曾被运用得淋漓尽致。

太平天国起义被镇压下去之后，曾国藩因为作战有功，被封为救勇侯，世袭承替。这对曾国藩来说，真可谓功成名就。但是，聪明的曾国藩此时并未感到春风得意、飘飘然，他在这个时候想得更多的不是如何欣赏自己的成绩和名利，而是担心功高招忌，恐遭狡兔死、走狗烹的厄运。

曾国藩想起了历史上许多身居权要的重臣，因为不懂得功成身退而身败名裂的前车之鉴。因而湘军进了天京城后，曾国藩急办了3件事：一是盖贡院，当年就举行分试，提拔江南人士；二是建造南京旗兵营房，请北京的闲散旗兵南来驻防，并发给全饷；三是裁撤湘军4万人。这3件事一办，立即缓和了多方面矛盾，原来准备弹劾他的人都不上奏弹劾了，清廷也只好不再追究。曾国藩在给清廷上奏的裁撤湘军的折子中说，湘军成立和打仗的时间很长了，难免沾染上旧军队的恶习，且无昔日之生气，奏请将湘军

裁撤遣散。曾国藩以此来向皇帝和朝廷表示:我曾某人无意拥军,不是个谋私利的野心家,而是忠于清廷的卫士。

曾国藩的考虑是很周到的。他在奏折中虽然请求遣散湘军,但对个人的去留问题却是只字不提。因为他知道,如果自己在奏折中说要求留在朝廷效力,必将有贪权恋战之疑;如果明确请求解职而回归故里,则会产生多方面的猜疑,既有可能给清廷以他不愿继续为朝廷效力尽忠的印象,同时也有可能被许多湘军将领奉为领袖而招致清廷猜忌。

其实,太平天国被镇压下去之后,清廷就准备解决曾国藩的问题,因为他拥有朝廷不能调动的那么强大的一支军队,对清廷而言是一个非常大的危险。

朝廷正在琢磨如何解决这个问题时,曾国藩的主动请求,正中统治者们的下怀,于是清廷下令遣散了大部分湘军。由于这个问题是曾国藩主动提出来的,因此在对待曾国藩个人时,清廷仍然委任他为清政府的两江总督之职。保持稳立不倒,其实也正是曾国藩自己要达到的目的。

聪明人大都懂得保全自身最重要的道理,无论是为官还是做人,锋芒太盛时,要适度地收敛一下,低调做人,免得惹来灾祸。先求生存,后谋发展。

人们常说,小聪明的人总是喜欢表露自己的聪明,而大聪明的人则是让别人显露他们的聪明。所以,真正的聪明人总是精明内敛,因为他们信奉低姿态生活,高境界做人。这样的人才具有真正的大智慧,也往往会取得人生的成功。

该低头时就低头,也就是在形势不利于自己的情况下,要学会主动退让,自觉认输。学会认输并不等于真的认输,而是一种暂时的保全之道,只有保存实力,你才能有重新奋起的可能性。

正如俗语中所说:做锥子,有时候要懂得把秃的一面朝人;当金子,则要懂得适时地收敛自己的光芒。如若不然,则就有可能白白断送自己的前途甚至是生命。

谢安是晋朝人,出身名门望族,他的祖父谢衡以儒学而名满天下,官至

国子祭酒。父亲谢衷，官至太常卿。谢安少年时就很有名气，东晋初年的不少名士如王导、桓彝等人都很器重他。谢安思想敏锐深刻，风度优雅，举止沉着镇定，而且能写一手漂亮的行书。谢安从不想凭借出身和名望获得高官厚禄。朝廷先征召他入司徒府，接着又任命他为佐著作郎，都被他以身体上有疾病给推辞掉了。后来，谢安干脆隐居到了会稽的东山，与王羲之、支道林、许询等人游玩于山水之间，不愿当官。当时的扬州刺史庾冰仰慕谢安，好几次命郡县官吏催逼，谢安不得已勉强应召。只过了一个多月，他又辞职回到了会稽；后来，朝廷又曾多次征召，他仍一一回绝。这引起了很多大臣的不满，纷纷上书要求永远不让谢安做官，朝廷考虑了各方面的利害关系后，没有答应。

谢万是谢安的弟弟，也很有才气，仕途通达，颇有名气，只是气度不如谢安，经常自我炫耀。公元358年，谢安的哥哥谢奕去世，谢万被任命为西中郎将，监司、豫、冀、并四州诸军事，兼任豫州刺史。然而谢万却不善统兵作战，受命北征时仍然只知自命清高，不知抚慰部将。谢安对弟弟的做法很是忧虑，对他说："你身为元帅，应该经常和各个将领交交心，来获得他们的拥护。像你这样傲慢，怎么能够做大事呢？"谢万听了哥哥的话，召集了诸将，可是平时滔滔不绝的谢万竟连一句话都讲不出，最后干脆用手中的铁如意指着在座的将领说："诸将都是厉害的兵。"这样傲慢的话不仅没有起到抚慰将领的作用，反而使他们更加怨恨。谢安没有办法，只好代替谢万，亲自一个个拜访诸位将领，加以抚慰，请他们尽力协助谢万，但这并未能挽救谢万失败的命运，损兵折将的谢万不久就被贬为庶人。

谢万被废，使谢氏家族的权势受到了很大威胁，终于迫使谢安进入仕途。公元360年，征西大将军桓温邀请谢安担任自己帐下的司马，他接受了。这件事引起了朝野轰动，还有人嘲讽他此前不愿做官的意愿，而谢安毫不介意。桓温却十分兴奋，一次谢安去他家做客，告辞后，桓温竟然自豪地对手下人说："你们以前见过我有这样的客人吗？"

由于谢安的机智和镇定，桓温始终没敢下手，不久就退回了姑孰，这场迫在眉睫的危机被谢安从容化解了。

淝水之战后，当晋军大败前秦的捷报送到谢安手中时，他正与客人下棋。他看完捷报，随手放在座位旁，不动声色地继续下棋。客人忍不住问

他，他只是淡淡地说："没什么，已经打败敌人了。"直到下完了棋，客人告辞后，谢安才抑制不住心中的喜悦，进入内室，手舞足蹈起来，把木屐底上的屐齿都弄断了。

谢安低调，并不是说没有自己的追求，而是为了达到长远目标的有效手段。这种低调的态度为他赢得了很多人的尊敬和拥护，对于他能登上高位很有帮助。

在我们的生活中也是这样，采取高调张扬的态度，只能得到一些眼前的好处，而低调的长远经营，反而更有利于自己的生存和发展，更容易达到目标。

对于有大志向的人来说，低头做人并不是苟且偷生，它包含着谦虚和忍让，是一种以退为进的谋略。甘于低调做人者，总能以平常之心面对喧哗的世界、纷扰的人群，在为人处世上从不表现出过于张扬的姿态，而是把自己的言行举止融于常人当中。这是一个人聪明的具体体现，因为这样更容易与他人和谐相处，做事也更容易成功。

根据常识，我们知道，弓越弯，它的弹力就越大，箭在弦上射出去的距离也就越远。其实，做人也和射箭的弓箭一样，太直、太张扬反而对自己不利，低调绝对不意味着做人没有理想、没有追求。事实上，采取低调处世的人往往才最明白自己要的是什么。他们对自己的目标已经深思熟虑，要用最快捷的手段达到这一目的。低调处世，无疑会使他们在走向自己目标的路上减去很多不必要的麻烦。真正成功的人，当他保持低调的平淡时，也肯定不同于一般庸碌之人的平庸，而是由此到达那些高调张扬的人所不能达到的巅峰位置。

心灵悄悄话
XIN LING QIAO QIAO HUA >>>

低头是一种做人的艺术，也是感悟人生后的一种智慧，经历挫折后的一种持重。有志者欲成就自己的事业，必须学会该低头时就低头，磨炼自己的忍耐力，否则将很难成就大事业。

放下棱角，圆融处事

人本来和自然万物有所不同，总不能水取下泄之势，人也随其自然，不求向上扣前进。正如胡雪岩所说："事情就是人做出来的，不通之处，总要想办法让它通畅才是。"

要成大事，先要学会做人；而会做人，就要圆通有术、左右逢源。若能做到圆通有术、左右逢源，进退自如，上不得罪达官贵人，下不失信于平民百姓，中不招妒于同行朋友，行得方圆之道，人脉大树枝繁叶茂，那么一定能成大事。

所谓"圆"就是圆通、圆活、圆融、圆满。围绕着这一个"圆"字，做足了通、活、融、满。

胡雪岩就是这样一个人，在晚清混乱的局势中立稳脚跟，在商业上红极一时。纵观他的一生，其成功之处可归结在为人处世上，他能在乱世之中，方圆皆用，刚柔皆施，懂得如何积累人脉资源，并利用它为自己的商业铺路。所以，他坚持"眼光要放远些，在目前留些交情，将来才会有见面的余地"。

胡雪岩的朋友郁四因听信家人叨扰，把阿七赶出后。阿七旧情萌发，居然又去纠缠青梅竹马的旧好陈世龙。陈世龙已经有了阿珠，并且心思贞定，立意要干一番事业，以不负师父、妻子和岳丈岳母的期望，岂有对阿七松口这理？

这种局面让陈世龙烦心，让阿七酸心，让郁四灰心。

胡雪岩却想出一个简单得不能再简单的办法："船并老码头。"

阿七和郁四的感情毕竟有了几年，不是那么容易断的。只有阿七重新回去了，才能抚平郁四颓丧懊恼的心。这件事做完了，阿七给陈世龙带去

的麻烦自然也就没有了。

不过这事能否成功,关键还要看能否把郁四和阿七分头说拢。这就显出胡雪岩对人心人情的体悟透彻来。

到了聚成钱庄,胡雪岩的第一句话就是责问阿七到底怎么回事?

郁四面对胡雪岩,只是一个劲摇头叹息。通过察言观色,迂回试探,胡雪岩看出郁四心里还眷恋着阿七,盼着她能够回来,可是他又怕阿七心里有气,不给面子。胡雪岩把郁四的心理摸透以后,主意就有了。他向郁四打下保票一定帮他把阿七弄回来!

胡雪岩说到做到。他回头找阿七,摆出为她打抱不平的神态,狠狠地责备郁四无情无义,得福不知,一下赢得了阿七的信任。阿七也一把鼻涕一把泪地向胡雪岩倾诉自己的委屈。胡雪岩一言不发地听完她的一腔怨言,也就把她真正的心意探清楚了。她嘴上虽然怨恨郁四,其实心里一直摆脱不掉郁四的影子。这么一来,胡雪岩便有十足的信心促使两人重归于好了,结果当然是春风化雨。

这就是胡雪岩的圆融,方方面面都皆大欢喜。也是这圆融,让他成为红极一时的大商贾。

事实上,一个人如果棱角分明、锋芒毕露,往往被碰得头破血流。相反,一个人如果八面玲珑,过于圆滑,有时也会众叛亲离。一个人如果只一味想出人头地,而不懂得委曲求全,到头来想伸反而伸不成,不愿屈也得屈。因此,做人就要做一个"方圆"之士,能屈之人。

水往低处流,人却是往高处走的。人本来和自然万物有所不同,总不能水取下泄之势,人也随其自然,不求向上和前进。正如胡雪岩所说:"事情就是人做出来的,不通之处,总要想办法让它通畅才是。"

心灵悄悄话
XIN LING QIAO QIAO HUA >>>

在官场中,有时就得讲究做事圆融自如,随机进退,待人要保持不即不离;干事要八面玲珑,左右逢源,否则你的成功之路会遭受挫折。

放下有为，才能有为

古语云："治国之道，有所为，有所不为。"其实，这何止是治国之道，它也是为人处世的一条重要原则。

有位青年人，非常刻苦，可事业上却收效甚微，为此他很苦恼。有一天，他找到昆虫学家法布尔说："我不知疲倦地把自己的全部精力都花在了事业上，结果却收获很少。"法布尔同情、赞许地说："看来你是一个献身科学的有志青年。"这位青年又说："是啊！我爱文学，也爱科学，同时，对音乐和美术的兴趣也很浓，为此，我把全部时间都用上了。"这时，法布尔微笑着从口袋里掏出一块凸透镜，做了一个"小实验"让这位青年看：当凸透镜将太阳光集中在纸上的一个点时，很快就将这张纸点燃了。接着，法布尔对有些惘然的青年说："把你的精力全部集中到一个点上试试，就像这块凸透镜一样！"这位青年恍然大悟，受到了很大的启发。

事实上，每个人的精力都是有限的，有所不为才能有所为，只有把有限的精力集中到一点上，才能干出一番事业。法布尔借用凸透镜能将阳光集中起来，并点燃纸张的现象来说明有所不为和集中精力的重要性，既简单明了，又形象生动。

人的一生，其奋斗的历程就像一场马拉松。你要想任重道远、有所作为，就必须轻装上阵，也就是说必须学会放弃：放下心灵上沉重的负担，放下无益于身心的奢侈的欲望，放弃阻碍自己前行的不良习惯，放弃没有价值的身外之物，甚至放弃那些曾给过我们慰藉、但如今却让我们伤痛欲绝的感情……总之，许多我们不堪承受的东西都要放弃。这种放弃不是不进取，而是摆脱纠缠，冲破困扰；智慧的取舍，理性的放弃；集中精力，扬长避

短;有所不为中的有所为,以退为进的进取,这就是"有所不为"境界的真谛!

东汉的邴原,原本很能喝酒,自从游学以后,八九年间滴酒不沾。一人身背书箱,依靠自己的体力徒步行走,拜陈留人韩子助、颍川人陈仲弓、汝南人范孟博等人为师求学。学成后,临别时大家为他饯行,师友们以为他不会喝酒,便要他吃饭吃菜。邴原说:"我原来能喝酒,只是因为酒能荒废学业,所以才把酒戒了。今天要与师友道别,又见大家赏脸为我饯行,我应该领情喝酒。"于是便与师友们同坐共饮。

老子说:"知有所不为而为者,近道。"邴原就是这样"近道"的人。邴原的成功充分证明,一个人要想"有所作为",就必须在积极的进取中,保持人生的另一种境界:有所不为!

在现实生活中,很多单位都集中精力抓关键,积聚力量攻重点,认为只有这样才能取得比较好的成效。其实不然,有些领导一味地强调"有所为",而不愿去谈"有所不为",这往往就是因为他们不懂得上面这些道理,不善于从更高、更长远、更全面的要求来思考如何把工作做得更富有成效。因此,要问"有所不为"何以难? 难就难在一些同志缺少一点辩证思想,不大讲究领导艺术,以致在思想方法和工作方法上有失偏颇。

诸葛武侯高卧隆中。面对世事纷纭、天下汹汹,躬耕垄田,潜心学问。虽负经天纬地之才,而有所不为,不求闻达于诸侯,视富贵功名如粪土。刘玄德三顾诸葛于茅庐之中,热泪横流。"先生独不念天下苍生乎?"好男儿铁肩担道义,诸葛怎不肝胆俱热? 他决然出山,而大有作为,鞠躬尽瘁,死而后已。可见,面对大义,必有所为;面对私利,则当有所不为。

在企业管理当中,有所为与有所不为,也是一门学问。在地产和零售两个产业都飞速发展的时候,王石主动将手中前景不错的万佳百货出售给了华润,这并不是因为连锁零售业务发展不好,而是因为深感无力将两个前景广阔的业务同时做好。就像杰克·韦尔奇说的那样:"做到组织简单

绝非易事，人们往往害怕被认为是头脑简单。而事实恰恰相反，唯有头脑清醒、意志坚定的人，才是最简单的。"

由此可见，有所为与有所不为是辩证统一的关系。"有所为"是目的，"有所不为"是达到目的的手段和方法。要想"有所为"就必须"有所不为"，"有所不为"是为了更好地"有所为"。而要"有所为"，首先要弄清"为"什么？即你的使命、愿景、奋斗目标是什么。只有弄清了自己的使命、愿景和目标，才会倾尽一生的精力去追求，去拼搏；也只有弄清了自己的使命、愿景和目标，才会有所不为。

心灵悄悄话
XIN LING QIAO QIAO HUA >>>

"有所为，有所不为"，最难的是"有所不为"。"有所不为"意味着放弃，而放弃往往是一件非常痛苦的事情。因为放弃意味着失去某些既得的利益，如地位、名誉、福利、家庭等等。而这些在某些人眼里往往是趋之若鹜的东西，怎能弃之不要呢？因此，这就要求我们权衡轻重、利害、得失，作出正确的选择。

第七篇 >>>

愈放下，愈成功

　　一个人只有立下符合自己的志向，才能把有限的能量聚焦在一个点上，把事业之火点燃。真正事业有大成者，往往是能够放下的人，因为在放下的同时，你才会急流勇退，你才会真正争取机会，你才会重新开始，你才会平衡自己的心态，顺利地走向成功。

　　生活有时会逼迫你，不得不交出权力，不得不放走机遇，甚至不得不抛弃爱情。你不可能什么都得到，所以，在生活中应该学会放弃。只有放得下，才能将该拿得起的东西更好地把握住，从而抓住最重要的东西。

适时放弃，收获更多

在现实生活中，名誉和地位常常被看作衡量一个人成功与否的标准，所以追求一定的名声、地位和荣誉，已成为人们一种极为普遍的心态。在很多人心目中，认为只有有了名誉和权力才可以算是实现了自身的价值。其实，人生的目的，不在于成名、成家，而在于面对现实，去努力为之，去尽情享受生命，去细心体验生活的美好。

每一个生活在当今社会的人，在人生的追求中，对荣誉和权力的追求都应该注意节制，不然，把荣誉和权力看得过重，不惜一切代价地想把它们追求到手，那就无异于害人害己了。这样的人生有何乐趣？何况，争名夺利不但不会使你流芳千古，甚至会让你身败名裂！

焦耳，这个名字在我们中学学物理时就很熟悉，人们为了纪念他所作出的贡献，将物理学中功的单位命名为"焦耳"。焦耳提出"机械能和热能相互转换，热只是一种形式"的新观点，打破了沿袭多年的热质说，促进了科学的进步。从1843年起，他前后用了近40年的时间来测定热功当量，最后得到了热功当量值。

事实上，与焦耳同时代的迈尔才是第一个发表能量转化和守恒定律的科学家。1848年，当迈尔等人不断地证明能量转化和守恒定律的正确性，终于使得这一定律被人们承认的时候，名利欲望的膨胀驱使焦耳向迈尔发起了攻击。焦耳发表文章批评说，迈尔对于热功当量的计算是没有完成的，迈尔只是预见到了在热和功之间存在着一定的数值比例关系，但没有证明这一关系，首先证明这一关系的应该是他焦耳。随着焦耳发起的这场争论的扩大化，一些不明真相的人也一哄而上，纷纷对迈尔进行了不负责任的错误指责。迈尔终于承受不住这一争论和批评带来的压力，特别是焦

耳以自己测定热功当量的精确性来否定迈尔的科学发现权,使得迈尔陷入了有口难辩的痛苦境地。此时,迈尔的两个孩子也先后不幸夭折,内外交困中的迈尔跳楼自杀未遂,后来得了精神病。

即使是当年的迈尔被逼进了疯人院,但今天人们仍然将他的名字与焦耳并列在能量转化和守恒定律奠基者的行列。焦耳为争夺名利而导致的悲剧,也为人们世世代代所遗憾和谴责。

由于权力地位与名利连在一起,所以自古以来就有争夺权力地位的斗争。这种斗争往往环环相扣,一旦投入其中,便会越滑越快、越陷越深,乃至不能自拔。所以说人生诸多烦恼,多由贪婪权势引起;人间诸多祸患,也多由贪婪权势招致。因此追求名誉和权力的时候,更应该铭记的是"君子爱财、爱名、爱权"都得"取之有道"。小仲马的"拥有真实的高度"对此进行了确切的阐释。

小仲马是法国著名小说家大仲马的私生子。受父亲影响,他也热爱文学创作。不过一开始,小仲马寄出的稿子总是碰壁。大仲马得知后,便对儿子说:"如果你能在寄稿时,随稿附上一封短信,或者只是一句'我是大仲马的儿子',情况也许会好些。"

"不,我不想坐在您的肩膀上摘苹果,那样摘来的苹果没有味道。"小仲马固执地说。后来,他不露声色地给自己取了十几个其他姓氏的笔名,以避免编辑们把他与鼎鼎大名的大仲马有所联系。

接下来很长一段时间,小仲马收获最多的仍是一封封退稿信。但他始终没有沮丧,仍然笔耕不辍。后来,他的长篇小说《茶花女》以绝妙的构思和精彩的文笔震撼了一位资深编辑。这位编辑与大仲马合作多年,他发现寄稿人的地址正是大仲马家的地址,便怀疑大仲马另取了笔名。可是为什么写作风格也变了呢?带着疑问,编辑迫不及待地来到大仲马家。当他得知作者竟是名不见经传的小仲马时,不禁疑惑地问道:"您为什么不在稿子上写上您的真实姓名呢?""我只想拥有真实的高度。"小仲马说。

小仲马可以接受父亲的建议,早一些品尝成功、享受胜利,但是那样,他将失去独立的人格尊严,更无法品尝到那个最甜的苹果。只有暂时放下

那些虚伪的赞赏，用自己的能力去打拼一个"真实的高度"，才会体验真正意义上的成功！

　　每个人都有自己不同的活法，对个人而言，各有各的追求；对社会而言，各有各的贡献。一个快乐的人不一定是最有钱的、最有权的，但一定是最聪明的，他的聪明就在于懂得人生的真谛：花开不是为了花落，而是为了灿烂。功成名就从一定意义上来讲并不难，只要用勤奋和辛劳就可以换取，就是需要把别人喝咖啡的时间都用来拼搏。

　　世间有许多诱惑：桂冠、权贵……但那些都是身外之物，只有生命最美、快乐最贵。我们想要活得潇洒自在，要想过得幸福快乐，就必须做到：学会淡泊名利享受、割断权与利的联系，无官不去争，有官不去斗；位高不自傲，位低不自卑，欣然享受清心自在的美好时光。

心灵悄悄话
XIN LING QIAO QIAO HUA >>>

　　只有适时地放下那些纠缠不清、无能为力的东西，愉快地投入到正常的生活当中。否则，太看重权力地位，一生的快乐都会毁在争权夺利之中，那就太不值得了。

急流勇退，名利双收

在生活中，能够做到急流勇退的人，实际上都是比较豁达的人，豁达是一种为人处世的思维方式，那就是承认事实。急流勇退的人能清楚地认识到，事实一旦来临，不管它多么有悖于心愿，但这毕竟是事实。

几十年的人生旅途，会有山山水水，也会有风风雨雨，有所得也必然有所失，只有学会了适时地进退，适时地放下，我们才能成功。

老子说："持而盈之，不如其已；揣而锐之，不可长保；金玉满堂，莫之能守；富贵而骄，自遣其咎。功成名就遂身退，天之道。"它的意思是：始终保持丰盈的状态，不若停止它；不停地磨砺锋芒，欲使之光锐，却难保其锋永久锐利；满屋的金银珠玉，很难永恒地守护住它；人富贵了就会产生骄奢淫逸的心理，反而容易犯错误；功成名就则应隐退，此乃天理。

它提醒人们功成名就、官显位赫后，人事会停滞，人心会倦怠，业绩也不会进展。应立即辞去高位，退而赋闲。否则，说不定会因芝麻小事而被问罪，遭到晚节不保的厄运。

中国人向来追求修身齐家治国平天下的境界，但是纵观历史，真正能够做到这几点的人寥寥无几。这一方面在于，"修齐治平"的目标对于普通人来说明显过高；另一方面则在于，人们一旦身居高位，权柄在握，往往贪恋名利，最终毁于名利。当然总有个案，春秋时期的范蠡，既能治国用兵，又能齐家保身，历来为史家和士大夫们所推崇。

范蠡年轻时，曾经跟随奇人计然学艺。越国大夫文种非常佩服范蠡的才学，便把他推荐给了越王勾践。后来，勾践被吴王夫差打败。退守会稽。鉴于形势，勾践采纳了范蠡的计策，向夫差称臣，并亲自前往吴国做人质。当时，夫差听说范蠡很有才能，曾经试图延揽他，并许以高官厚禄，但范蠡

说："大王能够留我一命，我就很满足了，哪还敢奢望荣华富贵?"

以后的几年里，范蠡一直陪着勾践在吴国当人质，多次化解了夫差的疑虑，最终骗取了夫差的信任，与勾践回到越国。回国后，范蠡又配合勾践"卧薪尝胆"，发愤图强，历经20余年，最终灭掉了吴国。

勾践班师回国后，大摆庆功宴，席间一个乐师即兴作了一首俄吴曲，曲子中不免称颂范蠡、文种的功劳。勾践听后什么也没说，但是表现得有点不高兴。范蠡顿时心寒：勾践猜疑、嫉妒，不想归功于臣下。为了避免杀身之祸，范蠡决定急流勇退。

第二天，范蠡面见勾践，请求退隐江湖，勾践假惺惺地说："没有先生，寡人就没有今天。如果先生留下，我愿意和您一起共享越国。"范蠡再次请求，勾践居然威胁他说："先生如若私自逃走，必将身败名裂，一家老小难保! 先生还是留下来与我共享越国吧!"

但是范蠡与勾践共事多年，非常了解他的心思，加之范蠡早就看透了世态炎凉，于是当天晚上便带着家人不辞而别，终生未回越国。善于经营的他，不久便成为富可敌国的"陶朱公"。

范蠡走后，还给曾经"风雨同舟"的好朋友文种写过一封信，劝他"速速出走"。文种起初不信，但后来看到勾践与功臣们逐渐疏远，方才如梦初醒，便假托有病，不再上朝。然而此时为时已晚，勾践深知文种才华过人，便借奸臣诬告文种之机，赐给文种一把宝剑，说："先生曾经教我伐吴七策，我仅用三策就灭掉了吴国。现在请先生带着其他四策去地下服侍先王吧!"文种仰天长叹一声，说道："我真后悔当日不听范蠡之言。如今果然是兔死狗烹、鸟尽弓藏。"说罢拔剑自刎。

纵观几千年的中国史，我们悲哀地发现，尽管"兔死狗烹、鸟尽弓藏"的事情一再重演，但是为了名利恋恋不舍，最终飞蛾扑火的人从来不曾少过。有人为名，有人为利；有人为人，有人为己。难道这些人都不明白吗? 显然不是，单说故事中的文种，其智谋并不见得比范蠡逊色。其实，范蠡的难能可贵之处，就在于他看透了名利场这个最残酷的战场，从而敢于在自己事业如日中天之际急流勇退。这是大智，更是大勇。而且从范蠡后来"三致千金"来看，弃政从商对他来说未尝不是一片更适合的天地。

无独有偶，汤和辞官也是出于这种明智。明太祖朱元璋猜忌好杀，心狠手辣，几乎杀掉了所有的开国元勋，被牵连者更是多达数万。不过也有例外，比如开国名将汤和，非但没有遭受灭门之灾，而且一生富贵，最后得以善终。

史料记载，汤和不仅是朱元璋的同乡，而且还是朱元璋加入红巾军时的"介绍人"。在朱元璋打天下的过程中，汤和始终对朱元璋忠心不二，立下了赫赫战功。后来，朱元璋南面称王，大封功臣，汤和被封为信国公，不仅位高权重，而且还掌握着一部分军权。

当朱元璋想效仿宋太祖"杯酒释兵权"，让大家交出兵权时，汤和敏锐地意识到了这一点。虽然他也贪恋权势，但是性命更可贵。权衡再三，汤和终于在洪武十九年（1386）正式向朱元璋提出告老还乡。满朝文武，第一个交出兵权的，就是汤和。朱元璋自然大喜过望，当即批准，并且拿出一大笔钱为汤和在凤阳老家修建府第。

至此，汤和回到了阔别多年的老家，彻底与国事分手。为了避免树大招风，汤和还遣散了原有妾婢上百人，自己一天到晚一副平民装束，在村口路头喝茶、下棋。很快，锦衣卫就把这些情况汇报给皇上，这下朱元璋彻底放了心。

可是后来，由于倭寇日益猖獗，大部分有能力的将领又被朱元璋诛杀殆尽，朱元璋不得不请汤和出山抵御倭寇。听到召令后，汤和立即动身，在最短时间内征集民夫，在沿海一带修建了数十个卫所，并且建议朱元璋从当地百姓中抽取壮丁，戍守卫所。这些做法有力地打击了倭寇气焰，极大地保障了沿海百姓的生命和财产。朱元璋非常高兴，当即赐他黄金三百两、白银千两以及其他物品。一时间，汤和再度炙手可热。

然而汤和明白，"此地"绝不宜久留，于是他再次提出告老还乡，交出兵权，回了老家。对此，朱元璋自然心知肚明。洪武二十三年（1390），汤和病体初愈时，朱元璋还派人将汤和接到京城，又是赏赐，又是慰问，让汤和感动不已。洪武二十七年，得知汤和病入膏肓，朱元璋很想再见他一面，便用车把他拉进宫中，与他谈论儿时的趣事，当时汤和已经不能说话，但一个

说，一个听，最后二人都掉下泪来。第二年，汤和病逝，享年 70 岁。

几度位高权重的汤和，能够在同僚们惨遭灭门的情况下独得善终，足见其急流勇退、辞官归第的明智。而有些人之所以失败，之所以付出惨痛的代价，就在于他永远不知道满足，从来没想过放下。其实，名利永无止境，一旦控制不住自己，不肯适可而止，结果必然是得不偿失、适得其反。

在生活中，能够做到急流勇退的人，实际上都是比较豁达的人。豁达是一种为人处世的思维方式，那就是承认事实。

急流勇退的人能清楚地认识到，事实一旦来临，不管它多么有悖于心愿，但这毕竟是事实。大部分人的心理会在此时产生波动抗拒，但一个豁达者，他的兴奋点会迅速绕过这种无益的心理冲突区域，马上转到下边该做什么的正确思路上去了。所以急流勇退，是智者的选择。

心灵悄悄话
XIN LING QIAO QIAO HUA >>>

该退时应坚决果断，毫不犹豫。因为这种退，是一种战术，退是为了日后更好地进。这种退，不是一种软弱，而是一种谋略，它可以避其锋芒保存实力，积蓄力量，以利再战。

想成功,就放下

人应该拿得起放得下,再好的事物也只是生命中一道美丽的风景线,走过了就由它去吧!古往今来,天灾人祸,留下多少伤疤,如果一一记住它们,人类早就失去了生存的兴趣和勇气。人在忘却中前进,成功人的背后隐藏了太多遗忘。

一个人只有立下符合自己的志向,才能把有限的能量聚焦在一个点上,把事业之火点燃。社会是一个大家庭,人是其中的一分子。他必须适应社会,与人相处;必须拥有良好的心理素质、审美素质,具备优秀的口语表达能力、文字表达能力、艺术表现能力、自我推销能力、辨识禁忌能力,等等。具备良好心理素质的人才能冷眼观世界,笑脸对挫折,适时地学会放下。因为学会放下,你离成功就越近。

学会放下,离成功也就更近了。书中所说的执着是一种褊狭的进取,一种盲目的前进,一种由于太在乎而患得患失的心态。好比不愿让别人觉得我们平庸,不甘心让竞争对手超过我们,不想让同事看到我们工作中的失误,不好意思让别人察觉到我们个性中的软弱。所以我们越努力,反而越容易不快乐,甚至不能从容享受成功带来的喜悦。生命都消耗在紧张焦虑的奋斗上,消耗在讲求速度和打拼的旋涡中,消耗在竞争、争取、拥有和成就上,永远以身外的生活和先入为主的偏见让自己喘不过气来。

放下,能体现每个人生存的价值,因为每一个人都是世界上独一无二、不可取代的,我们不要羡慕别人,不要在乎别人的眼光,更不要看轻自己。人生就是一个舞台,每个人都是最佳主角,千万别只会羡慕效仿你的配角。记住,扮演好自己的角色,因为舞台上最耀眼的人永远是你!懂得适时放下,不但会海阔天空,成功的道路也将更宽广!请记住:你无法在天鹅绒上磨利剃刀,而你可以学会放下,抛开顾虑,努力向前。

只有学会欣赏自己，才能寻找到自己的方向，才能发现自己的特长，生活也才会因此变得丰富多彩。不要在内心深处为自己的能力设限，当你抛开所有的顾虑和杂念，全力以赴地向前冲时，才能真正发挥出自己的潜力。要不断地提升自己的技巧、能力，只有注意工作的方法，才会有时间做自己想做的事，并且把事情干得又快又好。首先，一个人应该追求智慧，有了智慧，财富和幸福就会接踵而来。如果想善待自己，请放下所有的顾虑，为自己的理想而努力奋斗。

"一切放下，一切自在；当下放下，当下自在。"真乃至理名言，肺腑之谈，除苦度厄，真实不虚。下面的事例，从一个侧面体现了这一真理。

有一位朋友对西藏这块神秘的土地无限向往。他读了好多关于西藏的书，谈西藏像谈他的家乡。他早想去西藏一游，实地考察一下。"想去就去嘛。"朋友对他说。他回答说："经济窘困哪。"待他有一定积蓄了，朋友又问他这话，他的回答是："时间不足呀。"有时间了，"家里离不开呀。"家里能离开了，"今年气候不大正常，去那儿恐怕适应不了。"理由总是现成的。十四五年过去了，他仍常谈到想去西藏，并用上中学时学过的一篇古文《蜀之郡有二僧》来自嘲说："吾不如贫僧也。"语中不无遗憾。正是他有那些顾虑，让他无法做自己想做的事情。

妨碍我们做这些事的往往不是因为没条件，而是"放不下"的诸多顾虑。"顾虑"是典型的"执著"，"放下"了，就不会有顾虑。能做就马上去做，不能做是因缘不凑，何憾之有？许多时候，考虑越多反而越犹豫不决，被"所知"障碍了去路。认定了一个目标就不要有任何顾虑地向前冲吧！

"失败是成功之母"这句名言一直鼓励着我们，它是我们的座右铭，失败了不要有任何顾虑。放下顾虑，向前进吧。

小明上三年级的时候，起初很喜欢英语，就一直问："老师，什么时候才考试啊！"老师回答："过几天。"考试那天他自信满满，以为一定会考好的，过几天，结果出来了，他竟然考了55分，他又气又伤心。回到家，失望地把考试结果告诉了爸爸妈妈，可是他们并没有生气，而是温和地对他说：孩

子,不要气馁,失败是成功之母,人难免会有失败的时候,你应该把失败的原因找出来。听了爸爸妈妈这些意味深长的话,他才平静下来,并回忆了考试经过。原来在考试的时候,他把老师说的都弄错了,叫他们写A、B的,他却写成1、2,再加上心情紧张,脑子变得迟钝,这让他有了一些顾虑,一时没反应过来。他找到了失败的原因,从此在各种考试中,都时刻提醒自己不要紧张,认真听老师讲考试规则,不给自己施加压力。期中考试中,他消除了紧张的情绪,取得了第二名的好成绩,他高兴极了。

不经历失败的人生是不完美的人生。生活本身平淡如水,放一点糖它就是甜的,放一点盐它就是咸的。想调剂什么样的味道,全在于自己的心境。心胸放开了,悲哀和伤害便显得微不足道。顾虑放开了,你就会坦荡地活着,就会用坦然的态度去迎接一切,承受一切。心放开了,天空才会无云,阳光才会灿烂,生命之花才会盛开!人只有摔跤之后才能学会走路,这是每个人都懂的道理。不要为经验所束缚,做喜欢的事,抛开一切,一切皆有可能。

不要让失败成为你前进的绊脚石,找出原因努力打破它!用坦然的心面对困难,永远向前!放下一切顾虑,立即行动起来,用满腔热情投入到有趣味的工作中去,老天不负有心人,你有多大的投入,就会得到多大的回报,相信你一定能走向成功。

心灵悄悄话
XIN LING QIAO QIAO HUA >>>

放下顾虑,对自己说,要对自己狠一点,彻底一点。狠到要心有余悸,之后再也不敢越雷池半步;彻底到万事已过,宠辱皆忘。越是顾虑,越是无法坦荡。只有放下顾虑,努力奔跑着,向前向前,不再回头,才会成功。

放下过分的欲望

欲望是人的本能，有了欲望，就会产生实现欲望的行为。人的行为源于欲望，正常的欲望，辅之以正当的行为，就会产生良好的预期效果。然而许多罪恶和丑陋现象的形成，根源往往在于不正常的欲望或非理性的欲望。不仅要规范自己的行为，还要学会管住自己，更重要的是控制好自己过分的欲望。

欲望过多过大，必然就会贪心。贪求私欲者往往被财欲、物欲、色欲、权欲等迷住心窍，终至纵欲成灾。《韩非子·解老》说："有欲甚，则邪心胜。"私欲太多，邪恶的心思便占了上风。《刘子·防欲》说："欲炽则身亡。"私欲太强烈了，会使人丧命。《慎言·见闻篇》说："贪欲者，众恶之本。"把贪求私欲作为一切罪恶的根源。贪欲，不知断送了多少官员的仕途，又不知使多少人作茧自缚，身败名裂。在近几年的反腐败斗争中这样的例子举不胜举。所以说首先要管住欲望，切不可任意放纵。关于纵欲之害，先人圣者讲得再透彻不过了。我们一定要警惕这一最危险的敌人。所以说，最大的敌人是自己。无数事实证明：人为地想捧红一个人是捧不红的，人为地想打倒一个人也是打不倒的。凡是被打倒的，根源都在他自己。

生活中的那些领导干部，都应该从那些纵欲亡身的教训中和吃过"大亏"的人身上得到启发，务必自觉、严格地管束自己，充分意识到不严格管束自己后患无穷，一旦酿成大错再管就来不及了，其结果只能是"亲者痛，仇者快"。一个领导干部在政坛摸爬滚打一辈子，最幸福的事莫过于平安度过政治生涯。如此就必须自觉接受国家法律、法规的约束，受社会道德、观念、舆论的约束，尤其要自觉用党纪政纪来规范自己的行为。约束自己很难，管住自己更难。聪明人做事时时考虑后果，考虑后果就是爱护自己。世界上最关心自己的莫过于自己，自己不管，谁管自己？所以没有自律，就

不会有成功。

因为管住自己,就能管住世界;管住自己,就能战胜困难;挖掉毒瘤,就能永远健康。要做到这三点,仅有决心是不够的,必须要正确清理心灵的垃圾,用知识擦亮眼睛洞察是非,用理论指导自己不走偏路。真正的人生道路,源于自己,超脱自己。

有一个脾气不好的小男孩,总是在家里发脾气,摔摔打打,特别任性。有一天,爸爸就把孩子拉到后院的篱笆旁,说:"儿子,你以后每跟家人发一次脾气,就往篱笆上钉一颗钉子。过段时间,你就看看发了多少次脾气,好不好?"孩子想,那怕什么?我就看看吧。后来,他每嚷嚷一通,就往篱笆上敲一颗钉子,几天下来,自己一看:哎呀,一堆钉子!他自己也觉得有点不好意思。

爸爸说:"你要能做到一整天不发一次脾气,就可以把原来敲上的钉子拔下来一根。"这个孩子一想,发一次脾气就钉一根钉子,一天不发脾气才能拔一根,多难啊!可是为了让钉子减少,他也只能不断地克制自己。

一开始,男孩觉得真的很难,但是等到他把篱笆上所有的钉子都拔光的时候,他忽然发觉自己已经学会了克制。他欣喜地找到爸爸说:"爸爸快去看看,篱笆上的钉子都被拔光了,我现在不发脾气了。"

爸爸跟孩子来到了篱笆旁,意味深长地说:"孩子你看,篱笆上的钉子是被拔光了,但那些洞却永远留在了上面。你每向亲人朋友发一次脾气,就是往他们的心上打了一个洞。钉子拔了,你可以道歉,但是那个洞永远不能消除啊。"

所以,不论我们做哪件事情,都要去想一想后果,就像钉子敲下去,哪怕以后再拔掉,篱笆已经不会复原了。学会克制情绪,记住祸从口出,管住自己,就会减少对朋友、同事、亲人的伤害,人际关系就会更和谐,我们所处的世界就会多一些温暖,事业成功的机会也会更多一些。

管好自己,也是留一盏明灯照亮自己。前路茫茫,坎坷泥泞,那凄迷的风雨,重重的迷雾常让我们辨不清方向,找不到路径。但是,只要我们牢牢地管住自己的内心,不动摇,不迷失,就不会偏离正确的人生轨道。在奋斗

的过程中，一时的喝彩，短暂的掌声，虽然会让人心潮澎湃、激动不已，但也最容易使人驻足留恋。如果我们沉溺于一时的快意，而忘了最终的目标，就会丧失斗志，甚至遗恨终生。

心灵悄悄话
XIN LING QIAO QIAO HUA >>>

在风雨兼程的艰难跋涉中，千万不要忘了管好自己。只有这样，才能不断地透视自己的灵魂，检点自己的内心，让自己在为理想而奋斗的过程中，一刻也不背离自己的初衷，一刻也不迷恋沿途的风景；让我们的行为堂堂正正，让我们的手脚干干净净，让我们的收获实实在在。

放下过去，从零开始

人生的精彩在于积极的态度，人生的可贵在于永不言败。我们要用积极的态度处理一些消极的事情，不惧怕失败。

1996 年，于娟下岗了。当时她是原西南工具总厂游标卡尺装尺工，可如今的于娟，是贵阳市的名人。她有很多"头衔"：国务院授予的"全国青年兴业领头人"，省"十大下岗创业明星"，省个协、私协美容美发委员会副会长，娟娟美容院院长。可是，提起于娟 5 年的创业历程，她自己都说，在开美容院之前，她是一个不成功的"商人"。西南工具总厂进入困难时期，于娟与丈夫一起下岗待工，两人的收入已不能支撑家庭开支。看着上学的女儿，多病的母亲，正上大学的妹妹，于娟与丈夫商量后决定，自己去做生意，丈夫则继续待工。下岗后，于娟像很多下岗职工一样，首先想到的就是摆地摊，批发小百货来卖。每天，她蹲在路边，守着小摊，眼巴巴地盼着有人光顾。就这样看着来来往往的人群守了一个月，连盒饭都舍不得买，可到最后算账时，竟还亏了几十元。小百货不好卖，就卖别的吧。于娟从家用里挤出 120 元，从水果批发市场批发了樱桃来卖。可这回，樱桃一颗颗烂在家里，紧赶着处理，还是亏了 50 元。卖用的、吃的都赔钱，于娟又改卖穿的。东挪西借后，她去进了一批皮鞋，每天她把几大捆鞋装在蛇皮口袋里，用自行车驮着，四处叫卖。

但是辛辛苦苦的结果却赔了几十块钱。后来她买了家里的家当，租了一间门面房，开了一间美容店，有了自己的天空。摸出一套属于自己的洗脸按摩手法，更在化妆、纹眉上有了很大的提高。从此，于娟的生活步入坦途，生意越做越大。现在，于娟的美容院更名为美容美发形象中心，有 240 平方米，上下两层楼，有员工 10 余人，美容床 21 张，有自己的美容美发培训

学校。于娟成功了，回忆创业历程，她说道："想想这一生那么艰难的路都走过来了，还有什么好害怕的，最糟，也不过从新再来嘛！没什么大不了的。"

人生的路从来不会是一帆风顺的。别人的路不是自己的路，只有亲自去走，才会有自己的路。面对一些坎坷时不要退缩，不要气馁，一次不行，我们可以两次，两次不行也不要灰心，要记得，大不了，不过重头再来。

一朵花的凋零荒芜不了整个春天，殊不知，一次的成功也成就不了整个人生，成功的背后也许隐藏着巨大的陷阱。

我们都见过一种叫作"不倒翁"的玩具，"不倒翁"的重心在下面，所以无论你怎么推它、按它，只要一松手，它立刻又会直立起来，因此，它永远都不会趴下。人生正是这样，不断地经受磨难，人才能变得更坚强。你从失败中学到的东西，远比你从成功的经验中学到的东西要多得多。

当然，你完全可以说自己从未失败过，因为你的人生之路非常顺畅，你从未遭受过任何打击与一点点的失败。那么可以说，你的人生也许毫无意义，你所谓的成功也是一种虚幻，因为，没有经历过失败的人生是枯燥的，是缺乏真实意义的，甚至说是不可能存在的。

其实，失败并不可怕，真正可怕的，是不承认自己有过失败的经历。

创业过程中常常会有不如意的时候，有些人难免就会发出感慨。但我们要有勇气去面对挫折，有了勇气，才能排除万难，一往无前。从头再来，因为肩上有责任，众人有期盼，可以愈挫愈勇，屡败屡战；总结了经验，吸取了教训，就可以重整旗鼓，大干一场。

面子是阻碍创业的绊脚石，放下面子，等于打开了一扇谋生的大门。总有人为了面子奔波一生，最后留给自己的还是烦恼一堆。其实，他们输的不是个人能力，也不是处世技巧，而是这个不值一钱的薄薄的脸面。其实，只要放下面子，人生和事业就可能是另一番景象。

在你一无所有时，试着放下你高贵的面子，试着从小事做起，从小钱挣起，放下面子，下岗工变成修脚明星。

"三百六十行，行行出状元"用在西安市民刘尊众身上是最合适不过

了,他8年时间在修脚行业里的独特创业经历是这句话最好的印证。

1998年,在家人的百般阻挠下,刘尊众毅然决定主动下岗。他说:"没质量的生活什么时候是个头,我要自谋出路。"离开工厂后,刘尊众还很茫然,在不知道干啥时,看到一则政府为下岗职工开设培训班的消息,于是,他报了一个"脚病修治"培训班,认为有脚就有病,只要掌握了修治脚病技术,肯定能挣钱。有着大专学历的刘尊众选择了修脚行业,是家人朋友都无法理解的,他们频频向他泼冷水。父亲对他主动下岗一事伤透了心,骂他丢先人脸!可是刘尊众却想,就是因为这个行当被人看不起,才要学好。在进入"脚病修治"培训班后,因为生活拮据,他在班里只吃馒头和咸菜。练刀功时,别人用1.5元的木筷练习,他用的是从各餐馆捡来的用过的木筷。通过苦学,他成为培训班中修脚手艺最好的学生。

刻苦的学习让他学到了手艺也赢得了老师的尊重。后来,老师给他指点迷津:"你是一个很有理想的人,不知道你有没有注意到,现在修脚的不懂中医,而学医的没人愿意干这行当。你不妨把修脚和治疗结合,开一个脚病修治中心,绝对是一个有潜力的行当。"中医和修脚的结合让他做成了"独门生意"。1999年,刘尊众怀揣280元,从一个7平方米小店起步,才3个月就已门庭若市,于是再租大门面……经过8年的发展,2007年他创建的瑞德脚病修治所已经有8家连锁店和一所再就业技能培训中心。但是,对刘尊众来说,最大的收获不仅仅是财富,而是他纠正了人们对修脚行业的偏见。

"放下面子,坚持到底!"是刘尊众创业的诀窍。他说:"为什么现在那么多下岗职工改变不了自己的现状,关键是没有找准自己的创业方向,不知道自己适合干什么。一些人借了钱跟着人家炒股、开饭店,自身素质又不够,十有八九是要失败的。做人和做事要眼光向下,脚踏实地才能成功。""我最大的体会是,下岗后,不要放大挫折和苦难。"刘尊众称,越感到自己可怜、无助,就越难迈过下岗这道坎儿。一定要正视困难,掌握一个适合自己的一技之长,再次走向社会。要通过及时地"充电",弥补知识和技能的不足。要找一个投资少、见效快,适合在市场上立足的创业项目。一旦认准了自己的目标,就要咬紧牙关,努力克服一切困难,坚持下去,坚持

就是胜利。对于社会偏见和风言风语不要理会，持之以恒，就能获得成功。

凭借着精湛的修脚技术，刘尊众不仅赢得了社会的尊重，同时也勇敢地博弈了那种传统的就业观念，他在拼搏中实现了自己的人生价值。

创业的征途中难免会碰到一些难以拒绝的"面子"问题，"面子"问题的困惑有时成了正确决策的拦路虎。抛开面子，坚持到底，成功就会带来最大的"面子"。

心灵悄悄话
XIN LING QIAO QIAO HUA >>>

让我们从头再来吧，从哪里跌倒，就从哪里站起来。相信自己一定能够做好。不要去在意别人的看法，因为自己才是最了解自己的人。要输得起，要放得下！"看成败，人生豪迈，只不过是从头再来"。黑暗过去了，黎明就会在我们的身边，人生的冬天已经过去了，春天也就到来了。

用平衡的心来放下

放弃不仅是一门学问,也是一种艺术,只有懂得放弃的人才会拥有更多。快乐的人放弃痛苦,高尚的人放弃庸俗,纯洁的人放弃污浊,善良的人放弃邪恶。俗话说:"聪明的人敢于放弃,高明的人乐于放弃,精明的人善于放弃。"

有一则广告词是这样的,"舍清溪之幽,得江海之博"。虽然经历风雨,未必能见到彩虹;但不经历风雨,根本就没有见到彩虹的可能性。这就是人生的真谛。

一次,王涛和几位朋友聚会,谈到自己用了整整一周悟出了 6 个字:持续性与执行。而另一位朋友却提出了他这么多年的总结,就两个字:平衡。

朋友说,平衡这两个字包含得太多,从感触最深的着手,就是放下。大多数创业者都说没有机会,其实机会很有可能就在你的身边,在十多年前,当我们一不小心受伤的时候,只有用云南白药,而有些人却将云南白药做成了创膏贴。其实,机会永远都存在,关键是看你有没有把握住机会的眼光,为什么苹果砸到许多人的脑袋,而只有牛顿发现了万有引力?

如果想真正获得机会,首先要有充分的准备,这个准备说简单点就是积累。这就是人们经常给想创业的朋友说先沉淀三年,先打工,不要盲目地去创业,基础不牢,一切只是空中楼阁;这也是为什么中国企业的平均寿命不会超过 5 年的原因所在,并不是失败那天才发生的现金流枯竭,或是高层流失,而是在创业之初便埋下了隐患。

凡有大成就的人,往往是能够放下的,因为在放下的同时,才能争取到机会。如果万科当年不放下万佳、国企等赢利中的企业,专注于地产,今天

也不可能成为中国地产的领头羊;诺基亚最初也是一个无所不做的综合性企业,但真正成就它的是它的专注。这是一个很简单的道理,但是不经历岁月的磨炼,可能永远都不会懂得,这也是为什么失败的案例那么多,但这类事情还是重复发生的原因。人不可能在同一时间把每一件事都做好,所以一时专一事,事事求精益,我们做的所有事都要围绕那一个核心点去做。而无关紧要的,即使是再赚钱也要懂得去放下,在放下的同时,你会发现什么才是属于你的,什么是你真正想要的。

在万科董事长王石看来,能有所放下才能有所坚持。在王石几十年的人生经历中,最让他记忆犹新的也始终是那三次人生中的放下。

1983 年,王石人生的第一次放下。

那一年,王石 33 岁,他当过兵,也做过工人,同时在政府机关工作了 3 年,有阅历,有信心。那时的他深信《红与黑》里于连不甘平庸的勇气和奋力拼搏的野心。

1983 年 5 月 7 日,王石坐火车来到深圳,他丢下了过去,准备开始一番全新的事业。

到深圳没多久,王石就想到一位老同学,因为他非常赏识这位老同学的能力和才智,所以就想拉他来深圳一起干。可是,因为种种现实无法舍弃的原因,这位老同学没能来。事隔多年之后,他来深圳找王石,问能不能来深圳跟着干事业。王石对他说,如果他来,一切要从头做起。此时的他已经是大设计院的主任了,又怎么可能还有心力从头做起呢?

后来他的事业越来越红火,用他的话说,"一直粗放式地赚着钱"。

1988 年,他做出了人生的第二次放下——在推动完成了当时还名为深圳现代科教仪器展销中心(即万科前身)的万科进行股份制改革后,放弃自己的个人股份!

在 1988 年 12 月 28 日,万科已经开始公开发行自己的股票。按照国家的规定,4100 万股的股份中,万科职工应得的股票为 500 万股左右,而这部分股票中有 10% 允许归到个人名下。

1993 年 5 月 28 日,万科开始发行 B 股,紧接着的 6 月,中国的宏观调控随之展开。

王石说："那时，万科不做其他项目，而专注于房地产，是下了狠心的！可以说，这是我人生中面对的第三次放下。因为当时国家进行了宏观调控，房地产市场的大环境极端不好，而你还要放弃其他可能带来大利润的项目，这需要很大的魄力。可以说，专攻房地产项目成为1993年万科的战略决定！"

随着王石地放下，万科的地产项目也如雨后春笋般冒出来。

王石创业的成功，与放下有着不可分割的关系。万科之所以能越做越大，最关键的就是在不确定的摇摆中寻找平衡，一切都是在机会主义中进行取舍，一切都是在无序中寻找有序。想创业，就要学会放下，找到适合自己的平衡点。

所有的事情，所有的东西，都讲究平衡，一旦失去平衡，就会出现问题。创业成功的最大要求就是要在现实生存和长远战略之间寻求平衡，又要在坚持和放弃之间打破平衡，也就是动态的平衡能力。平衡是一门很大的学问，把握好平衡，才能成就人生伟业。

心灵悄悄话
XIN LING QIAO QIAO HUA >>>

用平凡的心做不平凡的事业，用平和的心想不平和的事情，用平衡的心看不平衡的世界，生命之所以精彩是因为我们用平衡的心去放下。把握平衡，适时放下。

得与失

古希腊时期，曾有一位学生问哲人苏格拉底："请您告诉我，为什么我从未见过您蹙额愁眉，您的心情总是那么好吗?"

苏格拉底回答说："因为我没有那种失去了它，就使我感到遗憾的东西。"

苏格拉底的好心情，与他的得失观是密切相关的。人生总是这样：有所得，必有所失；有所失，总有所得。一个人总是患得患失，心情能够好起来吗?

人赤条条地来到这个世界上，不断地寻求想得到的东西，但得到之后，终会撒手而去，化作尘土。正如《红楼梦》中的《好了歌》所唱到的："世人都晓神仙好，唯有功名忘不了! 古今将相在何方：荒冢一堆草没了。世人都晓神仙好，只有金银忘不了! 终朝只恨聚无多，及到多时眼闭了。……"

这并不是看破红尘，客观事实也确是如此。在历史的长河里，任何人都只是来去匆匆的过客，谁也不可能永久地拥有什么，凡得到的，终究要失去。重要的是，在这样的得失中，如何才能让短暂的人生变得更富有意义和内涵。

人是有需求，有理想，有追求的动物，在有生之年总是想得到而怕失去更多更好的东西。然而，人生不是一个只进不出的无底容器，而是一个有得有失的代谢过程。

一方面，有所得必有所失。一个人的岁数在增大，生命的定数就会减少；走向了成熟稳健，就会失去无忧无虑的童真；有了一个夫妻恩爱的家，就会失去单身时的无拘无束；埋头笔耕而有所著述，就会失去一般人悠闲自在的生活；一旦成了家喻户晓的名人明星，言行举止就会失去相对的自由。这正所谓"鱼与熊掌不可得兼"。

另一方面,有所失才有所得。慈善家捐出的是一定的财物,赢得的是良好的社会形象;耕耘者消耗的是体力或脑力,得到的是所希望的收获;勤奋者夜以继日所失去的是时间,得到的却是更充足的工作精力。得此难免失彼,失此可能得彼,正所谓:"失之东隅,收之桑榆。"

面对人生的得与失,人们怕的不是得,而是失。明确了得与失的这一辩证关系之后,才会在得失之间做出明智的选择。

生活像一团火,能使人感到温暖,也能使人感到烦躁。经受了得与失的考验,人生就会变得和谐快乐。

对于得失,取舍要明智。必须权衡其价值、意义的大小,才能在取舍得失的过程中把握准确,明白该得到什么,不该得到什么;该失去什么,不该失去什么。比如,为了熊掌,可以失去鱼;为了所热爱的事业,可以失去消遣娱乐;为了纯真的爱情,可以失去诱人的金钱;为了科学与真理,可以失去利禄乃至生命。但是,决不能为了得到金钱而失去爱情,为了得到性命而失去气节,为了取得个人功名而失去人格,为了个人利益而失去集体乃至国家和民族的利益。

心灵悄悄话
XIN LING QIAO QIAO HUA >>>

得与失之间并不是绝对相等的。在某一方面得到得多,可能在另一方面得到得少;在某一方面失去得多,可能在另一方面失去得少。比如,有的人在物质上得到得少,失去得多;但在精神上得到得多,失去得少。有的人则在精神上得到得少,失去得多,却在物质上得到得多,失去得少。由于各人的人生观、价值观不是绝对相同的,各人在得失上也不可能绝对相等。人生在世不可能得到所有的东西,也不会失去所有的东西。有所得必有所失,有所失必有所得,只是多少的问题,大小的问题,正反的问题,时间的问题。

放下空想，立刻行动

社会经济的不断发展，带动了产业的发展，也影响着市场的不断扩大和多元化。某一企业的老板为了一个无聊的念头而走进商界，历经多年努力，成了行业的翘楚。如果说他是运气比较好，那么他的胆量更让人佩服。如今，想创业的人越来越多，虽然他们的想法好，也很有理想。但是一大部分人虽然谈及创业思想，可到最后还是在动脑筋思考，就是说还只是一个想法而已。有些人一直在观摩，却没有行动。

著名作家马克·吐温的长篇小说《镀金时代》里，写了一个名叫塞勒斯的上校。这位先生在美国一片发财的狂潮中，能够兴高采烈地大谈"空气中抓一把就是钱"，但他本人却空想了一生，也没有发财。他待客时，餐桌上只有一盘生萝卜，壁炉里也生不起火，只点一支蜡烛在里面装装门面而已。

现实生活中，像塞勒斯这样的大有人在。这种人大多只会空想，只说不做，因而错过了许多很好的机会，没能真正身体力行，致使永远也无收获。

拿破仑·希尔说过："成功的秘诀是行动，立刻去做！"这话已被众多创业成功者的经历所证实。美国著名企业家奥格·曼迪诺早年由于自己的无知和过错，失去了家庭和工作，只身一人四处漂泊，寻找生活的出路。

后来，他从拿破仑·希尔那里得到了启示，于是重新振作，从零做起。经过15年的奋斗，他从一个无家可归的流浪汉，白手起家，到成为两家企业的总裁和知名商业杂志——《无限的成功》的主编。除此以外，他还写了6本书，其中《全世界最伟大的推销员》成为推销界最为畅销的图书之一，并被译成14种文字，发行300万册。

想创业,想成功不能是空想,请立刻行动! 只要脚踏实地,从现在做起,相信你的未来并不是梦。

相信很多人都知道扬州三位大学生创业卖烧饼的事。三位大学生毕业后,因为专业好,他们在企业工作的月工资颇高,也算是"白领"了。可他们心里总想趁着年轻的时候,多学些本领,独立做些事情。当他们得知名列泰卅十大旅游美食榜首的黄桥烧饼有广阔的市场前景时,三人便合计在扬州开了家投资和经营风险都比较小的烧饼店。凭借着他们的努力,小店开张后,前来购买烧饼的人越来越多,烧饼店的名气也越来越大,几经发展,如今烧饼店的规模越来越大,在扬州已发展了几家连锁店。

如今,很多人感到求职难,其实有时候出路就在脚下。心有多大,天地就有多大。它需要的仅仅是务实,从一点一滴做起,去开拓展示自己才智与价值的天地。

一张地图,无论它多么的精确,它永远不会带着它的主人在地面上移动半步;一个问题,无论是难是易,它永远不会在你的不断思考中有实质性突破;一个机会,它永远不会在单一的计划中让你获得真正的成功。一个伟人曾说,行动在前方,思考在路上。他倡导的就是先做,然后边做边"纠偏"。他说,只有行动才能使一切都具有现实意义,喜欢说大话而不行动的人,总是与成功无缘。

有很多人都胸怀创业的理想,也有很多人信誓旦旦表示要开公司或店铺。他们的想法虽然很多,但总是不见其行动,他们不是武断地认为某件事根本不可能有结果,就是说行动的时机还没有来临,总之,他们为自己创业的拖延找到了千百种借口。只想不做的人,必定与成功产生遥远的距离。

没有行动一切都是空谈,拖延才是让你停步不前的根本原因。行动是成功创业的灵魂,没有它,一切都是虚幻,成功的人生需要用行动来导航!

创业就不能做"行动的矮子"。现实生活中,"行动的矮子"随处可见。究其原因,并不是事情本来有多难,阻碍人们行动的往往是心理上的天堑和思想中的山峰。国外有一个谚语"人类一思考,上帝就发笑",就说明了行动的伟大意义。如果你认为这个事情值得做,就立刻行动,不要拖延,结果你会发现自己确实能够做到,能做好。因为如果没有了行动,一切都是

空谈、犹豫、观望、盘算都只能成为羁绊你停滞不前的"枷锁"。

有位胸怀远大理想的少年只身离家，想要去外面闯出一番属于自己的事业。临行前，父亲把他叫到跟前，只说了句："不要只说不做。"出去后，他才发现原来自己设定的目标是如此难以实现，经过一系列的打击之后，他退却了，觉得自己几乎一无是处。正当他想放弃之时，父亲期待的目光又一次浮现在眼前。细细想来，发现自己原来整天都只是在空想，根本没有付出实际行动。从此，少年开始奉行"少说多做"的处世原则，用行动来诠释既定目标，最后终于实现了理想，成了万人瞩目的大富豪。

很多人之所以陷入困境，就是因为设定了一个远大的目标，却很少关心如何实现这一目标，用"说"代替了"做"。创业时，解决问题的关键不在于你说了什么，而在于你真正做了什么！

比尔·盖茨说："想做的事情，立刻去做！"当"立刻去做"从我们的潜意识中浮现时，我们应毫不迟疑地立刻付诸行动。纵观世界，每一个成功创业的人都不会是"语言的巨人，行动的矮子"，他们一般都是行动家，不是空想家；每一个赚大钱的人都是实战派，绝非理论派。

心灵悄悄话
XIN LING QIAO QIAO HUA >>>

没有骨架就没有支撑，创业是需要行动的。只有真正走进商界，从小事或从自己擅长的部分做起，哪怕赚得很少，也能够真正体会到做商人的感觉，真正用商人的头脑去看待市场和环境。放下空想，用你的行动说话；放下空想，成功创业不是梦！

第八篇 >>>

愈放下，境愈高

有一天，当你能做到不再畏惧失去，当我们学会不再固执己见，不再为盛名所累，放下一切杂念，以更广阔的心胸去看世界和面对周围的人和事物时，让我们的心更具包容力、更有气度且更显恢弘，从而恢复一个淡泊宁静的心灵，享受真实的人生。

人生其实是个修身养性的过程，真正取得成功的人，恰恰是那些懂得放下的人，懂得放下，才能修身养性，最终成为生活的强者；而整日忙碌不休的人，收获的往往只是焦虑和疲惫。做人，要想洗去心灵的污垢，必须要学会放下。

不为盛名所累，成就真实自己

名声是一个人追求理想、完善自我的必然结果，但不是人生的目标。盛名是人刻意追求的身外之物，它往往对人没有切实的帮助，有时还只能使人产生烦恼。

做人就是做人，千万不要为名声而做人，不要为了使人知道而做人。培根说："重虚名的人为智者所轻蔑，愚者所叹服，阿谀者所崇拜，而为自己的虚名所奴役。"

荣誉，是人刻意追求的身外之物，它往往对人没有切实的帮助，有时还只能使人产生烦恼。

名声是一个人追求理想、完善自我的必然结果，但不是人生的目标。一个人如果把追求名声作为自己的人生目标，处处卖弄自己、显示自己，就会超出限度和理智。人一旦超出限度、超出理智时，常常会迷失自我。此时就不是你想干什么就能干什么，而是名声要你干什么你不得不干什么。这样岂不是变成了名声的奴隶了吗？

下面《明星与女工》的对话，或许能让你明白这个道理。

电影明星洛依德开着一辆法拉利跑车进入一家检修站，一个女工接待了他。

这是一个年轻的女孩子，她的美貌让洛依德心猿意马，她灵巧的双手更让人一看就知道她不是普通的花瓶女。唯一让他不太满意的是，整个巴黎都知道他——大名鼎鼎的影帝，而这个女孩子对他却没有丝毫的惊异和兴奋。

"您喜欢看电影吗？"洛依德试探着问。

"当然喜欢，我是个影迷。"女工手脚麻利，很快检修完毕，"您可以开走

了,先生。"

"小姐,您可以陪我兜兜风吗?"洛依德恋恋不舍。

"不!我还有工作。"对方居然拒绝了他。

"这同样是您的工作。"洛依德可是个情场高手,怎么会轻易放弃?他笑笑说,"您修的车,最好亲自检查一下。"

"好吧。是您开还是我开?"女工同意了。

"当然我开,是我邀请您的嘛。"洛依德一边坐到驾驶座上,一边回答。车子行驶得很好。

"看来没什么问题,您送我回去吧。"女工说道。

"怎么,您不想再陪陪我了?我再问一遍,您喜欢看电影吗?"

"我回答过了,喜欢,而且是个影迷。"

"既然您喜欢看电影,那您知道我是谁吗?"

"当然知道,您一来我就认出您是当代影帝阿列克斯·洛依德。"女工平静地回答。

"既然如此,您为何对我这么冷淡?"

"不!您错了,我没有冷淡。我只是没有像别的女孩子那样狂热。您有您的成就,我有我的工作。您来修车是我的顾客。如果您不再是明星了,再来修车,我照样会接待您。人与人之间,不应该是这样吗?"

洛依德沉默了很久。在这个普通的女工面前,他感觉到自己是多么浅薄和狂妄。

"小姐,谢谢你!您让我意识到,我应该认真反省一下自己了。现在让我送您回去,下次修车我还会找您。"

后来,这位女工成为洛依德的妻子。

人生在世,没有人不希望活得更体面些,也没有人不希望受人尊重,但是一旦把握不住其中的尺度,心态就会出轨,欲望就会泛滥。所以,任何人都应该放平自己的心态,认识到"天生我才必有用",每个人都有自己的人生价值。无论是天王巨星,还是平凡百姓,你就是你,既不要为自己有所专长自命不凡,也不要为自己暂时失意灰心丧气。只有不攀比、不崇拜、不沽名钓誉,我们才能脚踏实地地积极进取,成就一个真实的自己。

莱特兄弟 1903 年发明了飞机并首次飞行试验成功后，名声大噪。一次，有一位记者好不容易找到了兄弟两人，要给他们拍照。弟弟奥维尔·莱特谢绝了记者的请求，他说："为什么要那么多人知道我俩的相貌呢？"

当记者要求哥哥威尔勃·莱特发表讲话时，威尔勃回答道："先生，你可知道，鹦鹉叫得呱呱响，但是它却不能飞得很高很高。"

莱特兄弟俩视荣誉如粪土，不写自传，不接待新闻记者，更不喜欢抛头露面显示自己。有一次，奥维尔从口袋里取手帕时，带出来一条红丝带，姐姐见了问他是什么东西，他毫不在意地说："哦。我忘记告诉你了，这是法国政府今天下午发给我的荣誉奖章。"

莱特兄弟对待名誉是这样的淡泊，他们是不为虚名所累的人。

悬挂在天空中的星星看起来很小，但我们却不能说它小，而且就算我们认为它小，也不能损伤它本体的大。星星永远是星星，人们知道它而它的数量也不增加，人们不知道它而它的数量也不减少。

旷世巨作《飘》的作者玛格丽特·米切尔说过："一直要到你失去了名誉以后，你才会知道这玩意儿有多累赘，而真正的自由又是什么。"盛名之下，是一颗活得很累的心，因为它只是在为别人而活着。我们常羡慕那些名人的风光，可我们是否了解他们的苦衷？其实大家都一样，都希望能为自己活着，为自己活着的生活才更有意义。

做人就是做人，千万不要为名声而做人，不要为了使人知道而做人。培根说："重虚名的人为智者所轻蔑，愚者所叹服，阿谀者所崇拜，而为自己的虚名所奴役。"

心灵悄悄活
XIN LING QIAO QIAO HUA >>>

人千万不能被盛名所累，否则你就会放弃努力，沉睡在已经取得的名誉上，不思进取，最后将一事无成。因此，也只有不为盛名所累，才能成就真实自己。

放下精神包袱，宁静心灵

有一种包袱，看似无形，却沉甸甸的，压得人喘不过气来，那是思想的包袱。宁静是一种气质、一种修养、一种境界、一种充满内涵的悠远。放下你的思想包袱，才能宁静你的心灵。

有一种羁绊，无影无形，却挥之不去，让你无法前行，那是心灵的羁绊。

生活在现代都市中的人们，很多人感觉到了巨大的压力，生活中的、学习中的、事业中的，或是感情中的，这些压得人喘不过气来，这些阻碍了你前进的步伐。这时不妨放下包袱，让我们的心灵得以宁静。一位长者问他的学生："你心目中的人生美事为何?"学生列出"清单"一张:健康、才能、美丽、爱情、名誉、财富……谁料老师不以为然地说:"你忽略了最重要的一项——心灵的宁静。没有它，上述种种都会给你带来可怕的痛苦!"繁忙紧张的生活容易使人心境失衡，如果患得患失，不能以宁静的心灵面对无穷无尽的诱惑，就会感到心力交瘁或迷惘躁动。

唯有宁静的心灵，才不眼热权势显赫，不嫉妒金银成堆，不企求声势鹊起，不羡慕美宅华第。因为所有的眼热、嫉妒、企求和羡慕都是一厢情愿，只能加重生命的负荷。

有这样一则寓言故事:

很久以前，有一个人感到生活的负担越来越沉重，眼看无力支撑，只得去请教智者。智者将他带到一条五彩石铺就的小径，然后交给他一只背篓，要他顺着小径走下去，把他认为喜欢的石头都放进背篓里。

这人依言而行。红色的，他感觉热烈奔放，绚烂夺目;白色的，他认为晶莹剔透，纯洁无瑕;黑色的，他认为庄重严肃，锃光闪亮……于是他把这些自己喜欢的石头一一捡进去，渐渐地，背篓里的石头越捡越多，双肩也越

来越沉，后来，他终于支持不住，一跤跌坐在地上。

　　智者见状，又吩咐：从现在起，你把最喜欢的石头留下，其余的统统扔掉，再往前走试试。这一下，他顿感轻松无比，很快就走到了尽头。

　　有时候就是这样，你让自己承载了太多的东西，似乎哪一样你都放不下，哪一样也不舍得放下。结果在沉重的负累面前，我们的步伐近乎蹒跚了。难道非要等到承受不住的时候才去寻找解脱的方法吗？有位诗人说过：放弃是一种解脱，只有放弃困扰，我们的思想才能解放；只有放弃思想包袱，我们才能面对种种困难。种子放弃了花朵才能再次生长，小鸟放弃了鸟巢才能飞翔。世间道理，莫不如此。

　　老街上有一铁匠铺，铺里住着一位老铁匠。由于没人再需要打制铁器，现在他改卖铁锅、斧头和拴小狗的链子。

　　他的经营方式非常古老和传统。人坐在门内，货物摆在门外，不吆喝，不还价，晚上也不收摊。无论你什么时候从这儿经过，都会看到他在竹椅上躺着，手里是一个半导体，身旁是一把紫砂壶。

　　他的生意也没有好坏之说。每天的收入正够他喝茶和吃饭。他老了，已不再需要多余的东西，因此他非常满足。

　　一天，一个文物商人从老街上经过，偶然看到老铁匠身旁的那把紫砂壶，因为那把壶古朴雅致，紫黑如墨，有清代制壶名家戴振公的风格。于是他走了过去，顺手端起那把壶。壶嘴内有一记印章，果然是戴振公的！商人惊喜不已。因为戴振公在世界上有"捏泥成金"的美名，据说他的作品现在仅存3件：一件在美国纽约州立博物馆里，一件在台湾故宫博物院，还有一件在泰国某位华侨手里。

　　商人端着那把壶，想以10万元的价格买下它。当他说出这个数字时，老铁匠先是一惊，然后马上拒绝了，因为这把壶是他爷爷留下来的，他们祖孙三代打铁时都喝这把壶里的水，他们的汗水也都来自这把壶。

　　壶虽没卖，但商人走后，老铁匠有生以来第一次失眠了。这把壶他用了近60年，并且一直以为是把普普通通的壶，现在竟有人要以10万元的价钱买下它，他转不过神来。

过去他躺在椅子上喝水,都是闭着眼睛把壶放在小桌上,现在他总要坐起来再看一眼,这让他非常不舒服。特别让他不能容忍的是,当人们知道他有一把价值连城的茶壶后,总是拥破宅门,有的问还有没有其他的宝贝,有的甚至开始向他借钱。更有甚者,晚上推他的门。他的生活被彻底打乱了,他不知该怎样处置这把壶。

当那位商人带着 20 万元现金第二次登门的时候,老铁匠再也坐不住了。他招来左右店铺的人和前后邻居,拿起一把斧头,当众把那把紫砂壶砸了个粉碎。

现在,老铁匠还在卖铁锅、斧头和拴小狗的链子,据说他已经 100 多岁了。

所有过去了的,无论留下多少故事,都只属于昨天。如果有人一再提起,如果有人愿意评说,那就任他评说吧,而你,只需轻松地去步你的前程。有一天,当你走出很远很远,或许已经到了一个山巅,回头望时,会看到那些议论者还站在你出发的地方,述说你的从前。他们可以说得唾沫飞溅,他们可以说得眉飞色舞,而他们所说的一切,在你看来已经很遥远。不争的事实是,他们已经远远地落在了你的后面。

有人说,过去是山;有人说,唾液是河。可只要自己放下了思想的包袱,则此山可越,此河难挡。

宁静可以沉淀出生活上许多纷杂和浮躁,可以避免许多鲁莽、无聊、荒谬的事情发生。宁静是一种气质、一种修养、一种境界、一种充满内涵的悠远。

心灵悄悄话
XIN LING QIAO QIAO HUA >>>

对于行路人而言,背负的东西越少,脚步越轻盈;对于思索者而言,放下包袱,才能天马行空;对于创业者而言,尽早走出失败的阴影,走出一切的纷扰,轻装上阵,才能拥有美好的未来。

放下是心灵的本质

在内心转变的过程中，我们要有勇气放下每一件曾经太过坚持、急于求成的事物，放下过去的偏见、现在的执着、未来的野心，还要具备更多的勇气，弃绝傲慢、恶习、自私自利，还有凡事都要满足自我欲望的心。

这听起来好像是一项很艰巨很难完成的任务！你或许还会怀疑，假如我们真正放下一切事物，那么活着还有什么意义可言，还有什么是值得我们去追求的。

或许我们害怕放下所有之后，将会一无所有，一切都将归零，生命从此不再热情，生活也从此不再精彩，甚至人生将徒留空虚和遗憾……但是，反过来想想，当我们试着在放手退让的那一刻，获得的心灵自由与惬意却是满满的，超乎意料的轻松自在。世间之事，纷繁芜杂，假作真时真亦假，真作假时假亦真。陶渊明有诗曰：

结庐在人境，而无车马喧。

问君何能尔，心远地自偏。

这是一种难能可贵的"安心"。从婴儿、孩童、青少年到成年，人们必然是因为不断地放下，才能让生命蕴藏更大的智慧。当我们安下心来，便可以清楚地了解，自己不再是生命中所有事物的主宰、占有者，自己的房子、财产，甚至是家人、妻儿，也只不过是暂时属于自己而已。

这一切的自然关系，如若不能放下，以良好的心态来看待，就将演变成愚蠢的掠夺战争。

人生是一段苦旅，一路走来，酸甜苦辣，滋味百般。那该如何珍重自我、修身养性呢？最重要的就是学会"放下"，唯有如此，才能活得自在，因为放下杂念，可以陶冶情操。

烦恼与杂念就像野草，要想除掉，只有一种方法，就是在上面种庄稼。

同样,要想让心灵无纷扰,唯一的方法就是用美德去占有它。自省、自我提升,保持高贵丰盈的心态,那些杂草自然就会销声匿迹。

我们感到活得很累,都是心杂的结果。人们随时面临着矛盾,面临着挑战,面临着抉择。成功或失败,存乎一念之间,选择或放弃,敲打着每一段神经。对于"名"和"利",人们已越来越麻痹,心事也越来越重;人们抛不开,更放不下。想想,一个人心中长期充满着欲望,充满着杂念,充满着牵挂,又怎能活得轻松呢?

想要达到修身养性的最高境界,绝不是一时的工夫。坚持的时间越长久,境界越高,心越静。习惯成自然,什么时候变成日常行为了,什么时候就达到了修身养性中"养"的境界。修身养性通过"修",通过长时间的"养",就会从根本上改变你的本质,变不可能为可能,达到人生质的变化,是过去自己的升华版,是完完全全的改变。修身养性的过程就是一个人脱胎换骨的过程,是改变旧我,放弃旧我,创造新我的过程。这个过程是不停止且不断升华的过程。如果中途稍有松懈,便会前功尽弃。

人要想获得成功,就要排除各种私心杂念,甩掉无用的包袱,轻装上路。从此锐意进取,不断向前求索,人生才会不同凡响,修身养性也就达到了顶峰。

心灵悄悄话
XIN LING QIAO QIAO HUA >>>

人们无论做什么事情之前,最好先做一番思考,不起贪婪之心,不要因为一时之痴迷,而不考虑事情会产生什么样的后果,做事首先要谨慎和慎重。人生多忧虑,必然不会有什么好处。要有那种"美人卷珠帘,深坐颦蛾眉",我则"穷人低倚窗,静立思古今"的淡然心境。

学会放下，才能养心

　　修身养性，圣人之追求，但修身必先修其心，分对错者必知善恶，分善恶必定知其可为，其不可为。修心之人，最怕的就是放不下。明知对错，为世事而放不下；明知善恶，为环境而放不下；明知可为与不可为，为名利而放不下，谁都想真正修心，但若诸多放不下，让其束缚于心，又怎能修身，何谈修心？

　　著名诗人白居易有一次去拜访好友，问道："请问，做人的道理是什么呢？"好友回答："诸恶莫做，众善奉行。"也就是刘备临死前告诫自己儿子阿斗的"勿以恶小而为之，勿以善小而不为"的意思。白居易听了，大惑不解，因为做人的道理都是很玄乎深奥的，于是就有些失望地说："三岁小孩子都知道这个道理。"好友笑了笑，说："三岁小孩易，八十老头难！"什么意思？道理谁都知道，可要做到而且是一辈子坚持就很难了！

　　这就是养心之得。一个人能达到心静的境界，就不会迷茫，但是很少有人做得到，因为在这个世上有太多诱惑。虽然我们不可能完全抛开世间之事，但有一点是要做到的，那就是不被外界环境所干扰。我们要清楚地知道什么才是想要的，而什么是盲目追求的，是毫无意义的。人要学会放下，如果对于一切事物都能泰然处之，我们就能拥有悠然、快乐的生活。美丽就在放下之后。放下之后，才能发现美丽。

　　有一个盲人在过一座小桥的时候，桥却突然塌了，他在情急之下，抓住了一根横木，他以为脚下是万丈深渊，于是便大呼救命，生怕摔下去会粉身碎骨。这时来了一位老者，告诉他："只要你放开手，就是平地。"但盲人想

的都是可怕的后果，紧紧抓着却不肯放手，直到精疲力竭坚持不住时方才放手，果然一下落在了平地上。原来，他的脚离平地不过一尺多高。

　　人生在世，被诸多事所牵绊是必然的，要立马放下并非易事，但放下并不是要放弃，也不是将其他事情置之不理，而是放下束缚心灵的事情，修身贵在修心，只有学会放下，让心灵得到解脱，才是真正的修身养性，才会清静地去观看那些围绕在身边的美。

　　放下也是一种美，学会放下，就会发现原本困扰自己的事情根本微不足道，就会发现原本刺眼的阳光照射出的美好，也才会发现那些阻碍自己的困境，其解决之道其实就在自己背后。

　　在喧闹的都市里生活惯了的人们，要放下谈何容易，所以也就没了一份驻足美丽的心，也就少了一份放下的勇气，少了一份修身养性的定性。放下的始终要放下，不管再怎么努力，不属于你的始终不是你的。就像那蓝天上的白云，飘过了，就不会留下任何痕迹，只留下蓝天对白云深深地思念。

心灵悄悄话
XIN LING QIAO QIAO HUA >>>

　　人在不断成长的过程中，就该多想想失去的、错过的，然而那些也许并不是自己真正需要的，越过了这道坎，蹚过了这条河，会有更好的等着我们。生活中也没有什么不能放下的，放下了，仰望天空，天是那样蓝，阳光那么灿烂，环顾四周，花依旧娇艳，歌声仍然曼妙。放下吧，美就在身边。

放下杂念，享受真实人生

做个堂堂正正的人其实很容易，只要我们调整自己的心态。

多年未见的女友来到居里夫人家做客，忽然，友人看见夫人的小女儿正在玩英国皇家学会刚刚奖给她的一枚金质奖章，便大吃一惊，忙问："玛丽亚，能够得到一枚英国皇家学会的奖章，是如此高的荣誉，你怎么可以让孩子拿着把玩呢？"

居里夫人笑着对友人说："我只是想让孩子从小知道，荣誉就像玩具，玩玩则已，绝不能永远守着它，否则，永远都将一事无成。"

"名利""声望"是许多人想得到的，有的人用毕生的时间去追求它，却得不到它。反而是那些追求真理与美善，避开邪想，公然向世俗挑战并且蔑视它的错误之人，往往得以不朽。这是为什么？"只因前者过分顺应世俗，而后者能够大胆反抗的缘故。"哲学家叔本华如此回答。

名利是一个人追求理想、完善自我的必然结果，但不是人生的目标。一个人如果把追求名声作为人生目标，处处卖弄自己，就会丢失人类正常的理智。

丢失了正常的理智时，就会迷失自我，不是你想干什么就干什么，而是名声要你干什么你就得干什么。倘若真的如此，人生道路就会陷入迷途甚至步入邪恶之领地。

"人有杂念思虑多，烦恼多半自找寻；如若放下天地宽，事事萦心必苦累。"把自私自利放下，把名利声望放下，把六欲七情的享受放下，把贪念放下，掌握自己的心。

从前,有一个懒惰至极的人,想要得到一劳永逸的方法。所以他就来到深山密林里,找到了一个智者。这个智者告诉他:"我可以给你一个大恶魔,他能为你做任何事情,但千万要小心,你一定得想办法使他随时有工作可做,否则的话,他就会把你给吃掉。"这个人说:"世界上的事情多得是,不必担心,我会很容易找到工作给恶魔去做。"在此人的再三乞求下,智者召唤来恶魔并送给了他。

于是,此人高高兴兴地带着恶魔回到了家,他要恶魔帮他建造一栋豪华宫殿,恶魔一下子就造好了。他要几百个奴仆,恶魔用手指一弹就出现了几百个仆人。这个人迷惑了,"到底是怎么回事?"他问到:"我要什么东西,你就马上把它变出来,而且甚至还花不了一秒钟的时间。"恶魔说:"快给我工作做吧!不然我就要把你吃了。"这个人吓得赶快跑回智者那儿,请智者帮助。智者就从自己的头上拔下一根卷曲的头发交给这个人,吩咐道:"把这根头发拿给恶魔,叫他把它弄直。"于是恶魔便开始不停地摆弄这根永远也弄不直的发丝。

其实,这个故事只是要告诉我们,每个人都会受到这个恶魔的捣蛋,给它一根卷曲的头发,当你控制了这个恶魔时,也是你控制自己内心,控制了自己的心态,去寻找适合自己的一切。

说起快乐,很多人都会情不自禁地羡慕别人的生活方式,以为那就是最快乐的享受。其实,不切实际地改变自己,不但得不到简单和快乐,反而会丧失简单和快乐,徒增麻烦和苦恼。

《伊索寓言》中有这样一则故事:城市老鼠和乡下老鼠是一对好朋友。有一天,乡下老鼠写了一封信给城市老鼠,信上这么写着:"城市老鼠兄,有空请到我家来玩,在这里,可享受乡间的美景和新鲜的空气,过着悠闲的生活,不知你可有兴趣过来坐坐?"

城市的老鼠接到信后,高兴得不得了,立刻动身前往乡下。到那里后,乡下老鼠拿出很多大麦、小麦,放在城市老鼠面前。城市老鼠不以为然地说:"原来这就是你说的悠闲生活啊?你怎么能够过这种清贫的生活呢?住在这里,除了不缺食物,什么也没有,多么乏味呀!还是到我家玩吧,我

让你见识见识什么才是真正的悠闲自在。"

于是，乡下老鼠就在好奇心的唆使下跟着城市老鼠出发了。

到了城里后，乡下老鼠顿时张大了嘴巴，看到那么豪华、干净的房子，他非常羡慕。想到自己在乡下从早到晚，都在农田上奔跑，以大麦和小麦为食物，冬天还得在那寒冷的雪地上搜集粮食，夏天更是累得满身大汗，和城市老鼠相比，自己简直太不幸了。

两只老鼠互相寒暄了一会儿，城市老鼠就把乡下老鼠领到了餐桌上，准备享受美味的食物。突然，"砰"的一声，门开了，有人走了进来。他们吓了一大跳，飞也似的躲进墙角的洞里。乡下老鼠吓得忘了饥饿，想了一会儿，戴起帽子，对城市老鼠说："还是乡下平静的生活比较适合我，这里虽然有豪华的房子和美味的食物，但每天都紧张兮兮的，倒不如回乡下吃麦子来得快活。"说罢，他昂首挺胸地回到了乡下。

这则寓言让我们看到了两个不同个性、习惯的老鼠，即使他们都曾经对不同的世界感到好奇、有趣，但最后还是都回到自己所熟悉的生活圈子中去。有生之年，我们应该接受生活的本来面貌，以自己喜欢的方式生活，所追求的应当是自我价值的实现以及自我的珍惜。这一定论已成为人们探讨的热点话题。当然，你不可能让每个人都同意或认可你所做的事，但是，一旦你认为自己有价值，值得重视，那么，即使没有得到他人的认可，你也绝对不会感到沮丧。如果你把"不赞成"或者"不喜欢"，视作生活在这一星球上的人不可避免会遇到的自然结果，那么你的幸福就会永远是自己的。找到真正的自己，找回自己的本色。

西方哲学家说过："世上不会有两片完全相同的树叶。"即便人与人有着如何的相似与相近，本质上却还是完全不同的。别人眼里的幸福不一定就是你的幸福，适合你的也不一定适合别人。

有个生活十分富裕的女人，她总是在感叹自己生活的种种不如意，她说："如果谁愿意让我拿 10 万元钱来买 10 年的青春，我宁愿去换。"可是时间怎能倒流？谁又能成为她的卖主？想通之后，她不再抱怨，而是立足现实，静下心来享受属于自己的生活，白天的上班时间自由自在，业余时间与

朋友同学聚聚会、旅旅游、聊聊天或参加腰鼓队。自此之后，她活得有滋有味儿，无论哪个朋友见到她都说她好像一下子就年轻了10岁。

简而言之，适合别人的不见得就适合你，你眼中别人的幸福，或许于别人来说正是一种苦难也未可知；而你拥有的或许正是别人羡慕的，虽然或许暂时困难重重，但毕竟是暂时的，只要你目标明确并为之努力，幸福或许就在不远的地方向你招手。找到最适合自己的生活方式，活出自己的味道，哪怕再苦再累也是甜的。难道不是吗？

忙碌的生活或许掩盖住了太多的冲动，可是即使再忙碌，也应该时常整理自己的思绪，不要让它变得麻木，让它依然充满活力，变得年轻。保持自己的渴望，在一个合适的时间里，去放飞自己的情怀，别让它在不经意间悄悄地灭亡。

心灵悄悄话
XIN LING QIAO QIAO HUA >>>

放弃杂念，才能找回自我，才能找到适合自己的工作，适合自己的爱人，适和自己的自在天空，才能找到自己真正的快乐和幸福。

第九篇 >>>

懂真爱，要放下

当人们无法给自己所爱的人幸福，或感觉自己处在爱情的煎熬中时，就需要果断地放手。真正的爱是让你所爱的人更幸福。所以，为爱放手，是"希望你过得比我好"，是希望那个人在自己放手后能找到更幸福的的生活；也是在一段无果的单恋中，放下自己心中的牵挂，开始自己新的爱情，新的生活。

做人要洒脱一些，当自己决定独自承担的时候，就该让自己拿得起放得下，话说起来都是如此的简单，要真正地做到，却是撕心裂肺的痛，爱得太认真，所以才会痛得不知所措。

面对爱情要拿得起放得下

在爱情中总会出现很多意外的事情，让两个相爱的人无法在一起，既然两个人无法在一起，那么就记住过去的美好，但是也要明白曾经的爱情现在已经一去不复返——就当它像昙花一样绚烂地开过，在自己最美丽的时候，肆意地挥洒自己的青春、自己的爱情，将曾经美好的爱情牢牢记住。毕竟昙花的花期十分短暂，它总是会有消失的那一刻。就如同人一样，不可能同时踏入不同的河流，你曾经拥有过的刻骨铭心、美好的爱情会在你的心中深深地烙下一个印记，但是爱情并非一定要永远拥有。人生最大的遗憾就是失去的，而最美好的回忆也是失去的，关于爱情的回忆，应该好好地珍藏起来，只是不应该沉湎于过去的回忆中，在今后的幸福道路上，还是需要人们各自去努力奋斗。

很多时候，当你觉得拥有爱情的时候，也许正是你失去它的时候；当你放弃爱情的时候，也许你可以天长地久地拥有它。有一种爱叫作放弃，在爱情中，每个人都会经历大大小小的波折：有些人的爱情如同干柴烈火般热烈刺激，有些人的爱情如同细水长流般温和平静；但是即便是再平静、平淡的爱情，也会从中生出波澜。当人们面对那些不属于自己的爱情时，就要学会放下，远远地欣赏自己的放下带给所爱之人的幸福，或者将之永远忘却。只有经历了爱情中刻骨铭心地放下后，才能心平气和地接受生命的残缺和悲哀，这就是既痛苦又美好的人生。

时间是医治人们心灵的最好的医生，不论多么大的伤痛，它都可以将其医治好，即使是海誓山盟、生死相随的感情，在时间的流逝中都会失去光彩。在《爱的代价》中，有这样几句话："也许我偶尔还是会想他，偶尔难免会惦记着他，就当他是个老朋友啊，也让我心疼，也让我牵挂。只是我心中不再有火花，让往事都随风去吧。"这样的洒脱，这样的放弃，配上淡淡的忧

伤的背景音乐,完美地诠释了"放得下"爱情的这种境界。当回忆的时候,还能够记得起那些曾经的美好,人生足矣。

从前有一个仁者,他要将自己的儿子训练成为世界上最完美的人,让他成为能在战场上挥斥方遒、战无不胜的悍将。于是他在儿子还是婴儿的时候,便每天清晨就去高山的崖底采来千年草药将其熬成药水,让儿子在这种为他特意调配的药水中浸泡身体。药水随着热气慢慢进入到儿子的皮肤中,日久天长,仁者儿子的身体就变得刀枪不入、金刚不坏了。但是仁者有一个习惯,每天儿子到药桶中浸泡的时候,由于担心儿子会滑向药桶深处呛水,仁者总是用手抓着儿子的手腕,这个习惯一直到儿子长大后仁者还是保留着。经过仁者精心的训练,儿子果然在战场上攻无不克、战无不胜,一次比一次骁勇,尤其是儿子那刀枪不入的神功,更是让敌人闻之丧胆、为之头痛。但是在一次战斗中,敌人意外看到了仁者儿子并非是全然的刀枪不入,他的身上还有一处可以被刀枪刺入的地方,那就是仁者因为害怕儿子溺水而紧紧握住的手腕。就是在那次战斗中,仁者的儿子被敌人打败了,他被敌人特制的羽箭射中手腕,从而导致自己一身功力尽失。当仁者再次见到自己的儿子时,他已经成为一个废人,仁者不禁老泪纵横,对自己因为太爱儿子而不肯放手的过度保护而悔恨不已。

这虽然是溺爱,但是又何尝不像是在爱情中的人一样,不肯放下曾经的温暖、让自己吸到了有毒的爱情、蒙蔽了自己真实的感觉、让自己丧命了一般呢?

玫瑰花的花期过了,开始枯萎了,但是蜜蜂仍然在拼命地从中吸吮花粉,因为从前它在这朵玫瑰花上吸吮过甜蜜的甘汁。但是现在蜜蜂在这朵枯萎的玫瑰花上却只吸吮到毒汁。蜜蜂知道玫瑰花粉已经变质了,因为毒汁的味道苦涩至极,与从前的味道简直是天壤之别。于是蜜蜂愤愤然抱怨,为什么好喝的玫瑰花汁味道变了?终于有一天,蜜蜂在想要躲雨的时候,飞离了这朵枯萎的玫瑰花。这时候,它才发现在这朵枯萎的玫瑰花周围,处处盛开着娇艳的鲜花。这是一个寓言,同时也是一个人的真实感悟。

在失恋的这段时间里，她感到十分痛苦，认为整个世界都抛弃了她，甚至有时会想他是否真正爱过自己。只要一想到这里，她便痛不欲生，怀疑这个世界是否存在着"真爱"、存在天长地久的爱情。她在这段时间整天沉浸在过去的爱情中，久久不能自拔。过了一些日子，她突然容光焕发地说："我想明白了。"

原来，为了缓解失恋的痛苦，她来到了九寨沟。在一次雨后，她看到了一只小蜜蜂正在一朵盛开的鲜花上采蜜，在看到这个情景的一刹那，她的脑海里突然闪出了一句话："在枯萎的花朵中，蜜蜂只能吸吮到毒汁。"当然，在大自然中，蜜蜂自然不会在一朵花上"吊死"，只有人类，才会因为过往的美好，让自己看不到前面整片的美丽花园。在她的那个寓言里，那只吸吮到毒汁的蜜蜂自然指的是她自己。就在领悟出那句话后，她悟出了放弃的道理，悟出了在爱情中，要拿得起放得下的洒脱。她想到从前她希望借助朋友们的力量帮助自己走出来，但是却忘记了那双能够让自己走出痛苦的翅膀，实际上就长在她自己的身上，只要她想，随时可以冲出痛苦的牢笼。

放弃并不是一件容易的事情，尤其是爱情中的放弃，更加令人痛彻心扉。因为爱情是人们对年幼的时候亲子关系的一种复制。年幼的孩子，无论是从感情上还是物质上都无法离开自己的父母，这个时候的孩子，都十分渴望父母的赞赏与肯定，如果父母完全将其否定，这会对年幼的孩子造成最深的也是最难以愈合的伤害。人们或多或少都尝到过被自己的父母否定的痛苦，所以，面对亲子关系的复制品——爱情令人们再次感受到这种痛苦的时候，人们往往会变得歇斯底里，情绪非常糟糕。

但是，尽管爱情与亲子关系相关，但是二者之间却是有着十分巨大的差别：在小的时候，面对父母无心的伤害，人们可能无能为力，无法做出任何保护自己的举动；但是当人们长大了，有能力选择自己的命运的时候，面对伤害，人们可以淡化，甚至遗忘它。可以说，如果在幼年的时候，人们是没有翅膀的小蜜蜂，那么当人们长大之时，便是有一双强有力的翅膀的蜜蜂。尽管如此，当人们陷入爱情的时候，人们的心态往往会不自觉地回归到童年，人们会忘记自己已经具备了保护自己的能力，忘记了自己还有一

双可以飞离痛苦的翅膀。当人们领悟到这一点后，人们就有了放弃爱情的力量。所以，无论你多么在乎爱情，当爱情中的另一个人要离开你的时候，请尊重他的选择，让他离开。你要记得，面对爱情，只要拿得起放得下，你就完全可以飞出已经腐坏变质的爱情牢笼。

心灵悄悄话
XIN LING QIAO QIAO HUA >>>

在爱情中，最不肯放手、将爱情握得最紧的人，往往会被爱狠狠地伤害，甚至毫无招架之力。当爱成为过往的时候，如果爱得越深，处在爱情中的人越无法放手，那么那个人就越容易受伤。当一段爱情已经枯萎、到了无法挽回的地步时，要学会放手，如若不然，人们迟早会因自己的执拗而招致性命之忧。

放下旧观念，才能找到真爱情

东方卫视有一个电视节目叫作《幸福魔方》，其中有一期的主题是"透支爱情"。在这期节目中讲述了一段"无缘，成全"的爱情。主持人在节目的最后，对这一爱情故事做了这样一个总结："有一种爱情叫作无缘，有一种爱护叫作成全。"

这期节目中故事的大致内容是这样的：在一所大学里，男孩和女孩相恋了，他们一同携手走过了大学的 4 个年头。就在大学毕业后，男孩对女孩许下承诺要照顾女孩一辈子，但是男孩家境不好，又没有房子。女孩是一个单亲家庭中的孩子，在她 4 岁的时候，母亲就因为嫌弃家里的贫困，离开了这个家庭，从此，女孩和父亲相依为命。所以，女孩的父亲一直灌输给女孩"要嫁个有钱人，这样自己以后才不会受罪"的思想。在这种情况下，女孩的父亲了解了男孩的家庭情况后，一直极力反对他们之间的交往，女孩的父亲甚至不惜下跪恳求男孩和自己的女儿分手，还女儿一个自由，让女孩能够找到一个有钱的人，过上不用吃苦的日子。男孩为了让女孩的父亲看到他能够给女孩幸福，为了攒钱给女孩买栋房子，为女孩建立了一个名为"月光宝盒"的存折，每个月男孩都省吃俭用地往里面存钱。但是在情人节那天，男孩终于放下了女孩，和女孩分手了。分手后的一年里，男孩继续往"月光宝盒"里存钱，直到第二年的 4 月份，男孩遇到了一个很好的女孩，和那个女孩交往后才停止了向月光宝盒存钱的举动。经过了一年多的时间，男孩终于释怀，放下了自己过去的爱情，找到了新的爱情。但是，男孩尽管放下了女孩的手，放下了他们过去的爱情，女孩却仍然对男孩一片痴心，不想放弃他们 5 年的感情，更不想让这段刻骨铭心的爱情无疾而终。于是女孩用了一种很极端的方式想要挽回失去的爱情，她透支了自己的信

用卡付了首付,买了一套并不大的二手房,然后女孩每个月都要用自己并不高的工资偿还贷款。但是贷款利息太高,女孩一个月的工资根本不够还清每个月的贷款。于是女孩为了保住自己的房子,四处借钱,而自己也为此失业。最终,这件事情被女孩的父亲和男孩知道了。出于对女孩的关心,还有希望女孩能够放下他们过去的爱情、好好生活的目的,男孩走进了《幸福魔方》这个节目。在经过一番长谈后,女孩的父亲认识到自己的错误,认识到因为自己的拜金主义害得两个相爱的人劳燕分飞,害得女儿陷入了还贷的困境中还因此而丢失了工作。在节目现场,女孩的父亲老泪纵横地恳求女儿原谅自己过去的错误,恳求男孩能够回头,继续和自己的女儿在一起。但是这一切显然已经太晚了,男孩已经有了自己心爱的女孩,女孩的哀求最终只换来了男孩的一句:"你要幸福。"

在节目中,无法评论到底是谁对谁错,才让这样一段本来应该是幸福的爱情变得劳燕分飞。作为父亲来讲,他希望自己的女儿将来能嫁得好,避免像他这样吃那么多苦并没有错,但是他却错在了认为金钱就是一切、再好的感情也无法抵过金钱在生活中的作用,这样的拜金主义让他的好心办了坏事,硬生生地将女儿的爱情和幸福毁掉了,最后,尽管他醒悟过来,知道自己过去的想法错了,但却已经于事无补。女孩虽然爱得轰轰烈烈,虽然对爱情的忠贞和执着让人为之心疼,特别是女孩为了留住男孩,所讲述的往事:男孩送给她的可乐戒指她一直戴在手上,贷款买来的那套小小的房子,也是按照男孩喜欢的装修模式装修的,毛巾牙刷等都是买的情侣式,面对这样赤诚的真情,又有谁能够不为之动容呢? 但是女孩错就错在她瞒着自己的父亲贷款买房。在节目中,男孩听到女孩讲述他们的过往时,多次掩面痛哭,但是他还是选择了不再回头。但是男孩是否真的能够放下自己5年的感情,面对自己曾经深爱过的女孩——面对曾经真情的付出,男孩真的能放下么? 从节目开始到节目结束,男孩从来没有对女孩说过一句狠话、一句硬话,这都是因为男孩还爱着女孩。或许这就是一种叫作无缘的爱——因为旧观念、因为拜金主义而无缘的爱。

现在很多相亲节目中嘉宾的话都语出惊人——"宁可坐在宝马里哭,也不愿意在自行车后面开心地笑"。现在社会上的拜金主义逐渐玷污着从

前纯洁的、与金钱无瓜葛的爱情。在年轻人的爱情中，本不应该过于注重金钱，虽然金钱在爱情中能够起到一定的作用，但是金钱却并非爱情的全部。因为真爱不是由金钱构建而成的，建立在金钱上的爱情，就像是建立在沙滩上的城堡一样不牢靠。在节目中，女孩的父亲因为自己过去失败的婚姻经历而变得偏执，认为要幸福就一定要有金钱，正是这样的观念，才毁了两个相爱的人，做出了"棒打鸳鸯"的事情。

关于爱情，不要认为后面的会更好，而轻视了现在所拥有的，现在所拥有的才是最好的；不要因为自己还年轻，就认为自己可以挑个没完，要知道爱情是不等人的；也不要因为双方之间的距离太远，而放弃了你们之间的爱情，爱情是可以穿越时间、空间的；不要因为对方不富裕而放弃了那个拥有 100 元可以为你花 90 元、剩下的 10 元钱打车送你回家的人，因为只要不是无能、没有上进心的人，就可以凭借勤劳让你们变得富有；不要因为父母的反对就放弃了你们的爱情，在以后的日子里你会发现因为这个原因放弃了的爱情是你终身的悔恨。

心灵悄悄话
XIN LING QIAO QIAO HUA >>>

其实对于爱情，这些观念是没有用处的，爱情中，越单纯就越幸福。将那些冗杂的旧观念抹去，你会发现你一直寻寻觅觅的真爱实际上就在你的身边。

放手自己的幸福，成就对方的幸福

有这样一种爱情，往往是挂着泪珠的，但是却很凄美，这种爱情叫作"放弃"。

很多人会说，放弃怎么可能是一种爱？怎么可能是另一种幸福？这些不过是那些在爱情中变心的人的一个借口罢了。但是，放弃确实是另一种形式的拥有。因为感情是强求不来的，是不能勉强的，即使自己紧紧抓住了，也只不过是两个人之间的痛苦煎熬和从此的争吵不休。将手握紧，拥有的除了痛苦、失望、苦恼外，什么都没有；若将手松开，那么自己拥有的便是全世界。

人生最痛苦的并不是对生老病死的恐惧，而是在放与不放之间徘徊，这种揪心的痛苦，让每个人都不想再感受第二次。一旦真正下定决心放弃了之后，那个人的心中反而会如释重负一般，虽然从此以后，只能将痛和爱都深深埋在自己的心里，但是看着自己所爱的人幸福，自己也会觉得开心。

这就是人生，有痛苦、有忧伤、有欢乐、有泪水。无论那个人是否曾经抓住过，那些东西都不可能离人们远去；虽然有些往事不能再续前缘，有些回忆也不能再梳理，只能将它深深埋藏，永远不再翻动。如同"就让我的放手，成全你的幸福"一般耐人寻味。

爱上一个人会让你觉得很麻烦，但是却会让你心甘情愿地享受这些麻烦。当你在不知不觉中为他放弃了很多东西、很多原则，而他却仍然坚守着某些东西不肯放弃的时候，你会感觉自己像坠入地狱一般痛苦，尤其是他对你说："都是你自愿的，我又没有让你这么做。"可是当痛苦过后，你依然一如既往地为他做那些事情，这都是因为爱，因为你愿意用自己的痛苦，换取他的幸福。

或许爱情本来就像是童话一般，存在着令人心醉的美好和让人神伤的

忧伤,遥远与真实两个看似不相关的东西并存在爱情当中。在爱情中,凡事不必太在意,更不需要强求,只需一切随缘。事实上,相守不一定幸福,相离不一定痛苦;得到了的不一定会长久拥有,失去的也不一定不会再拥有。因此喜欢一个人,并不一定要和他在一起,最重要的是看着自己喜欢的人快乐、幸福。

心灵悄悄话
XIN LING QIAO QIAO HUA >>>

　　爱情是一种享受,它注注可以让人体会到幸福的滋味。然而,不要因为爱而将自己的所爱紧紧抓牢,也不要用爱的名义束缚自己的所爱。要知道,爱情不是占有,而是放手,放手给予对方自由、尊重和幸福。

放下就是快乐，忘记就是自由

都说人是感情动物，可是感情耽误了我们多少事情，使我们做出多少傻事，它扰乱了我们的心境，致使工作浮躁、家庭生活无趣、孩子不管……总是为所谓的"爱"而心神不宁，无所事事。很多人都无法放下已逝的感情，因为依恋，因为习惯，因为回忆……这一切都阻止我们去学会"放下"过去的种种！

女人总是喜欢将自己的情感依赖在一个人的身上，于是每天的喜怒哀乐便随所依赖的人变化。左佳原本生活在一个平静的世界里，过着平凡的日子。突然一个男孩闯入她静如止水的世界，她接受了那个男孩的表白。

当她和男孩相处的时候，她觉得男孩是一个可以相信、值得依靠的人。她深深地爱上了他。他对她好，爱她，疼她，宠着她。经过一段时间的爱情磨合，左佳已经把感情全身心地投入在他的身上，于是她一心一意，执着地爱着他。

但是事情却并不像她想象中的那样美好，就在她爱得无法自拔的时候，他露出了真面目。原来他对她的好都是假的。她的心碎了，就像是被千万把刀割那样的疼。

原来，那男孩不仅在年龄上欺骗了她，还在感情上欺骗她。他居然还有一个同居一年的女友。她知道后，真的不敢相信，曾经的他和现在的他竟是同一个人，那一刹那间左佳从天堂掉进了地狱。

可恨的是，男孩为了和前女友和好，竟然让左佳出面向其解释说："他真的很爱你，和我在一起的时候他总是提起你，他从来没有像对你那样对我好，所以请你原谅他。"她这一句话胜过别人的10句话，那两个人又重新在一起生活了。

　　左佳用了半年时间才忘记那段短暂的爱情，她彻底抛开那段痛苦不堪的回忆。是放弃让她重新撑起一片天空，是放下使她能自由地飞翔。放下就是快乐，忘记就是自由。

　　"放下"是一种觉悟，更是一种自由。如果不懂得"放下"，我们就难免会成为心胸狭隘而又怒气冲天的人，到头来累的只有自己，苦的也只有自己。学会"放下"，痛后方能成长。记着：放下就是快乐，忘记就是自由。放弃爱情，将获得自由。毕竟这个世界上有许多东西并不属于自己。缘分不可强求，是聚是散都应随缘。

　　缘分，源自心灵的契合，可遇不可求，就算词穷墨尽，亦无法描写得酣畅尽致。有时，匆匆擦肩而过，有时，情深款款地向你走来。

　　有些人，天天相见，却只是淡淡地点头之交。有些人，原来从未谋面，初见却能产生共鸣，彼此便能心心相印。一次美丽的邂逅，这是缘分，缘起，谁也阻挡不了；一次无意中彼此悄然错过，这是缘灭，谁也留不住。

　　从前，有一个秀才和未婚妻定好了日子结婚。但到那一天时，他的未婚妻却嫁给了别人。秀才经不起打击，一病不起。家人用尽各种办法都无能为力，眼看他已经奄奄一息。这时，路过一个云游僧人，得知情况后，决定点化他。僧人到他床前，从怀里摸出一面镜子叫秀才看。秀才看到茫茫大海，一名遇害的女子一丝不挂地躺在海滩上。路过一人，看一眼，摇摇头，走了……又过一人，把衣服脱下，给女尸盖上，走了……再路过一人，过去，挖个坑，小心翼翼把尸体掩埋了……疑惑间，画面切换，秀才看到了自己未婚妻的洞房花烛，被她丈夫掀起盖头的瞬间……秀才不明所以。僧人解释道：那具海滩上的女尸就是你未婚妻的前世，你是第二个路过的人，曾给过她一件衣服。她今生和你相恋，只为还一个情。但她最终要报答一生一世的人，是最后那个把她掩埋的人，那个人就是她现在的丈夫。秀才大悟，"唰"地从床上坐起，病竟然痊愈了。

　　白雪公主注定是要和王子相遇的，无论是继母王后派出的猎人还是那枚带毒的苹果，无论是那面说实话的魔镜还是七个可爱的小矮人，他们的出现都是为了让公主和王子相遇，成就一份纯美恋情。"善有善报，恶有恶

报"，对柔弱又尊贵的公主而言，也许最好的报答就是收获一份天长地久的爱情，这是让上天都感动的爱，是冥冥中不可强求的缘分。

如果你相信缘分的存在，就应该明白，缘分可遇不可求，该是你的，早晚是你的；不该是你的，怎么努力也得不到，是聚是散都应随缘。

放弃一个很爱你的人，并不痛苦；放弃一个你很爱的人那才痛苦；爱上一个不爱你的人，那更是痛苦。若是有缘，时间、空间都不是距离；若是无缘，终日相聚也无法会意。

也许他或她只是生命中的一个过客，匆匆而来，又匆匆而去。为什么一定要去挽留？有些事，有些人，是留不住的，拥有过就是最美，让我们用一生去回味。

也许你会被梁山伯和祝英台的爱情感动，会为罗密欧与朱丽叶的爱情流泪，但绝不要效仿他们为爱殉情，这是对家庭和社会不负责任的做法。我们的生命不只属于自己。家庭的责任，社会的使命，不允许我们这样。学会放下吧，给自己多一些爱的空间！

心灵悄悄话
XIN LING QIAO QIAO HUA >>>

许多事即使回头也无法改变，许多人注定相遇而不能相爱，所以许多爱只能放下，许多情只能淡忘。无论事业与都是一样，适合自己的才是最好的，最有可能实现的是最好的选择。

爱不是占有, 是成全

相遇本身其实并没有早晚。假如你们早一些相遇, 或许早就分道扬镳了, 甚至连普通朋友都做不成。正因为被伤害过, 才知道爱情里疼痛的分量, 甚至超过生命。于是很小心地经营, 很小心地让爱找到避风的港湾, 一定要幸福, 哪怕仅仅是被动的。

爱对方就要让对方幸福, 哪怕这幸福不是自己给的。当你看到曾爱的那个人, 如今像个孩子般开心、幸福的时候, 你也该宽慰了。因为是你当初的退出和大度, 成全了他们的幸福, 成全了一段美好的姻缘。

放下仇恨, 解脱了自己, 也成全了别人。放下, 是一种成全, 成全了对方, 也成全了自己的碧海蓝天。

许多时候放弃也是高尚, 全身而退也是精彩, 遥望和祝福也是深情。放手是解脱, 也是成全, 这中间虽然有无可奈何和些许忧伤, 但是, 生命如此厚重宽广, 我们只能感恩和宽容, 成全别人也成全自己。

洋和佳相恋三年后结婚, 结婚才不到两年, 就以离婚收场。

因为在婚后一年的时候, 洋出差时遇到了一个比他小两岁的女孩。洋的家里只有他一个男孩, 家里人一直都当他小孩子。佳对他也是这样, 对他的关心无微不至, 家里大小事全是佳一个人做。回到家有现成的饭菜, 吃完了就坐在电脑前玩游戏, 他的衣服袜子脏了就脱下来丢在一边……在他看来, 佳对他一切的好, 全是佳分内的, 他心安理得地接受, 从没想过付出……

佳知道这件事后, 当然是阻止他们来往。但是洋的欺骗使他们吵架的次数越来越多。洋说再也受不了这样的生活, 佳也很想像书里或电影里说

的那样理智，用智慧来对付那个女孩，道理佳都懂，却没有采取理智的方法去解决……也许再聪明的女人对待爱情，都理智不了吧。

他们吵架越来越激烈，都是因这女人而起，甚至闹到了离婚的地步，洋还出手打了佳。洋的眼神可怕得吓人，佳感觉洋再也不是爱她的老公了。佳一直以为忍下去，洋会回头，但她真的做不到……最后，佳决定退出这个痛苦的战役。

她走得很潇洒，她笑着祝他们幸福！如果两个人真的不能在一起了，放弃执着，成全别人又何尝不是明智的选择呢？

生活中，所谓"忍一时风平浪静，退一步海阔天空"的情况处处可见。这种退让或忍气吞声，并不单单指处世的某方面，在爱情中，也是如此。当一份感情没有了，还死皮赖脸地守着最初的甜言蜜语干吗呢？有一种爱叫作放手，别死缠烂打，放下，才能解脱，才能自在，这对自己对别人都是一样。

爱一个人很难，放弃心爱的人更难。爱，不是征服也不是占有，而是无条件地给予。如果不能亲自为她披上嫁衣，就请停止解开她衣袖的手。

心灵悄悄话
XIN LING QIAO QIAO HUA >>>

爱，难分对错，并不是所有的情意都能缠绵；并不是所有的相遇都能同行；并不是所有的爱恋都能长相厮守。爱人可以走，但是，曾经的情意带不走。面对转身的爱情，真诚地道一声"一路保重，祝你幸福！"比硬着心肠说绝情话好。

放下握不住的"沙"

　　爱情就像手中的沙，你越想握住，它就流得越快……爱情生活中，我们不能活得太明白，什么都明白会平添许多苦恼。当然一味纵容也只会带来更多伤害，如果确定了这段爱情有很多值得你留恋的地方，就必须忘记爱情中令你不开心的点点滴滴。现在的你只能向前看，过去不能再重演，你所能做的就是把握现在手中的沙，不要去数它曾经流走多少，不要在乎沙中的小石子是否曾划破你的手。

　　一个注重爱情的人，看似漫不经心，其实很在意对方的感受，所以爱情对他来说也许只是折磨，痛苦了别人，也委屈了自己。但是人却无法拒绝爱情的美好。不要只因为他亲吻了你，就以为那是爱情，你就必须和他在一起。有时候所谓难以割舍的感情，事实上只是不甘心而已。爱情这个缤纷绚丽的万花筒，带给你的只是虚幻，但当你深陷其中，就会被牢牢地吸引，贪婪地感受它的美好。

　　虽然爱是责任，给要给得完整，有时爱情无法永恒，爱有多销魂，就有多伤人，你若勇敢爱了，就要勇敢分手。分手是勇气与智慧的较量，当爱情降临，张开双臂去迎接；当爱情正在远离，就痛快分手，要知道，掌心是握不住的爱的。

　　"你的生命线清晰、绵长，是个长寿的家伙。嗬，感情线嘛，有几个分叉，可能爱情路上会有些小波折，但前途是光明的，你会有个好归宿。"和美美说这话的人，是暗恋她的人。他借故为美美看手相，只是为了能握住她的手。

　　后来的日子，他们似乎是在恋爱了。说是似乎，因为好像彼此的关系只是处于朦胧的好感阶段，并没有升温到谈情说爱的地步。他在一所很远

的北方高校读书,而美美却就读于南方的高校。由于相隔很远,只有在放假时他们才能见面,不过单独相处的时间很少,多是一起出现在同学聚会上。那时他们朋友圈里的人,都知道他正追求美美。因为无论旁边有多少人,他的眼睛,大部分时间总是只看着美美。

在他大二时,美美随父母迁居到另一个城市。当美美把这个消息告诉他时,他的眼神更忧郁了。在美美要转身走开时,他给了她一个措手不及。他从背后抱住美美,紧紧地,脸埋在她的长发里。那晚并没有月光,那条路很僻静。"你真像个新娘。"他说,"做我的新娘好吗?"他呵着热气的嘴挨在美美耳边呢喃着。美美的脸像一块通红的炭,紧贴着烙在他脸上。

后来的日子,像风。他继续在校攻读,美美开始了社会工作。书信往来中,除了炽热的情话外,便是分离的忧伤。美美工作的单位,是别人眼里的好单位。热心的同事,开始为美美穿针引线。美美把这些写在信里当作笑话说与他听,他只是说,如果有条件不错的,去看看。爱情在女人的眼里是最揉不得沙子的,于是美美常常为他的回话大发娇嗔,并故意开始接触那些对她有好感的男人。

他终于毕业了,回到原籍工作。他对美美说分手吧。那时的美美年轻美丽,心高气傲,赌气说:"好,分手。"

他们在不同的地方生活着,没了音讯。美美在别人的追逐中老是心不在焉,她知道自己心里在希冀着什么。美美从老同学的嘴里知道他要结婚的消息,她匆匆请了假,踏上找他的路途。美美的突然出现,让他怔住了,然后便紧紧拥抱她。她伏在他胸前,耳畔是他狂乱的心跳声,他是爱我的!那些传闻是假的!美美幸福地想着。

可她错了,当她开口问到这件事时,他一下子松开了美美,痛苦的表情证明了这一切是真实的。"对不起,美美,我……我真的爱你,可我们的未来很不现实,你不可能来我这里,我也很难调到你那里工作。这些现实天天都在煎熬我,我的痛苦和绝望,你知道吗?她出现在我的生活中,她很爱我,她只是你的替身,我错把她变成我的新娘。我是个男人,总得负责的,希望你能理解。我祝你以后能找个心爱的人,快乐地生活。"美美望着他不断开合的嘴唇,茫然失措。

美美不得不放手,因为她的幸福不能建立在另一个女人的痛苦之上。

第二天一早，美美便悄然逃离了这个有他气息的地方。

越是美好的东西，我们就越想拥有它。然而，造物主却和我们开了个不大不小的玩笑：我们拥有了分辨一切的智慧，却要在若干年之后，将所有的一切如数归还，我们握不住任何东西。

女孩与男孩自高中就是同学，爱情像不经意间落下的牵牛花的种子，落在彼此的心上兀自缠成一片。直到大学毕业，利用7年时间培育出的爱情，让他们彼此相知。

毕业之后，两个人都辛勤地工作着，直到他们有了钱买下一套小房子，房子并不大，但是女孩还是感觉很幸福，幻想着结婚以后，她在家里晒着太阳帮老公熨衣服，幻想着将来老了以后要在阳台上种满花草，她还想着要养一只会唱歌的鸟，就他们两人，依偎在阳台上，晒太阳、看花开、听鸟唱。男孩嘲笑她，但那时的嘲笑是宠爱的表现。

美好的日子总是过得很快，她发现他跟另一个女孩走得很近，并且对婚姻开始闪闪烁烁。她决定最后一次试探他，她对男孩说："应该结婚了吧？"男孩只是扭过头不经意地看着街头的风景说："再等等吧。"女孩只觉得"砰"的一声，是什么爆开了，无法收拾了吧？她没有再多说一句。

那天晚上她整整哭了一夜，然后收拾起晶莹的眼泪。清晨，她精心打扮了一番后约他在常去的街心花园见面。爱情曾经在这个地方蔓延，也让它在此结束吧。

女孩故意迟到了一小会儿，正当男孩等得不耐烦想要离开时，她盛装而至。男孩惊讶于眼前她的美丽，笑着问女孩："今天是什么日子，这么隆重？"女孩淡淡一笑，平静地说："今天，是我们分手的日子。"然后伸出手来轻触他的手，道别，优雅离开。当时花园里的花姹紫嫣红、风情万种，把女孩的离开衬托得更加惊艳。

无论男人还是女人，总要在适当的时候保留足够的自尊，在爱情完全失去时，我们唯一可以保留的，也只有自己的风度。或许也只有这样，才可以让那伤害你的人永远地怀念曾经的美好。

把失去当成一种赢利，失去了才能开始懂得付出、奉献，失去让我们又完整了一步。不要害怕爱人的离开，不要害怕岁月的侵蚀；在迷茫的时候及时调整自己，时间会冲淡一切。不要让自己带一点脆弱，尽情地恋爱，优雅地离开。

如果注定要失去，就勇敢地面对现实吧！长痛不如短痛，与其一错再错，不如尽早抽身出来。失去爱情，你或许就会获得其他更多的东西。

当他不爱你的时候，也一定要祝福他。有了爱，便不该有恨。爱是美好的，恨却丑陋。何必让生命中最美好的东西化作丑恶呢？也不要觉得不公平。关于离去，他失去的是一个爱他的人，而你失去了一个不爱你的人，却得到了一个重新生活、重新去爱的机会。

心灵悄悄话
XIN LING QIAO QIAO HUA >>>

当他不爱你的时候，请轻轻拥抱一下回忆里的温暖，轻柔凝视一下凋谢的温柔。当他不再爱你的时候，朋友，请深深呼吸，潇洒地和过去说再见吧！洒脱一点，或许你就会得到更多。